Pirates Colouring Book

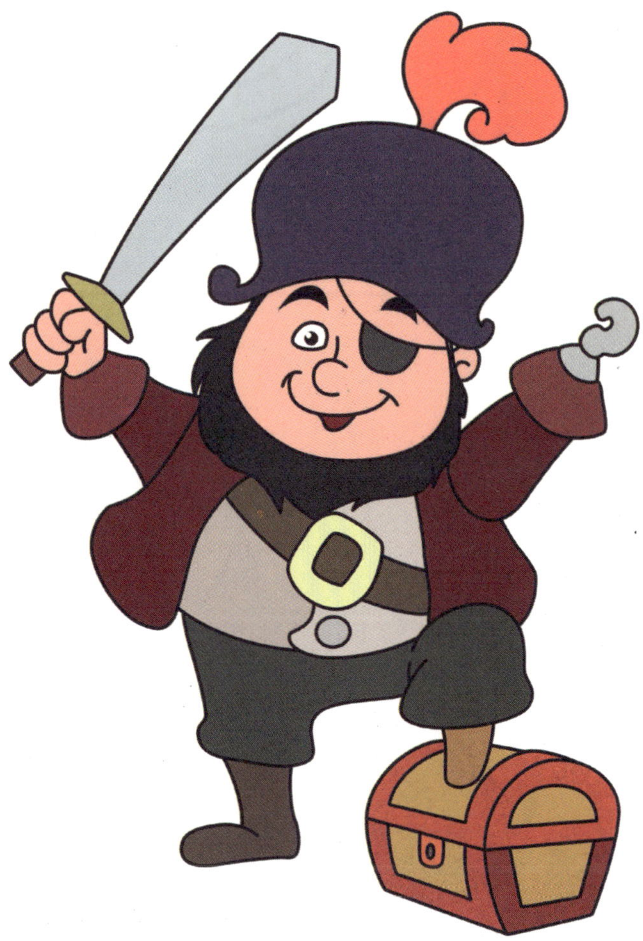

Om KIDZ
An imprint of Om Books International

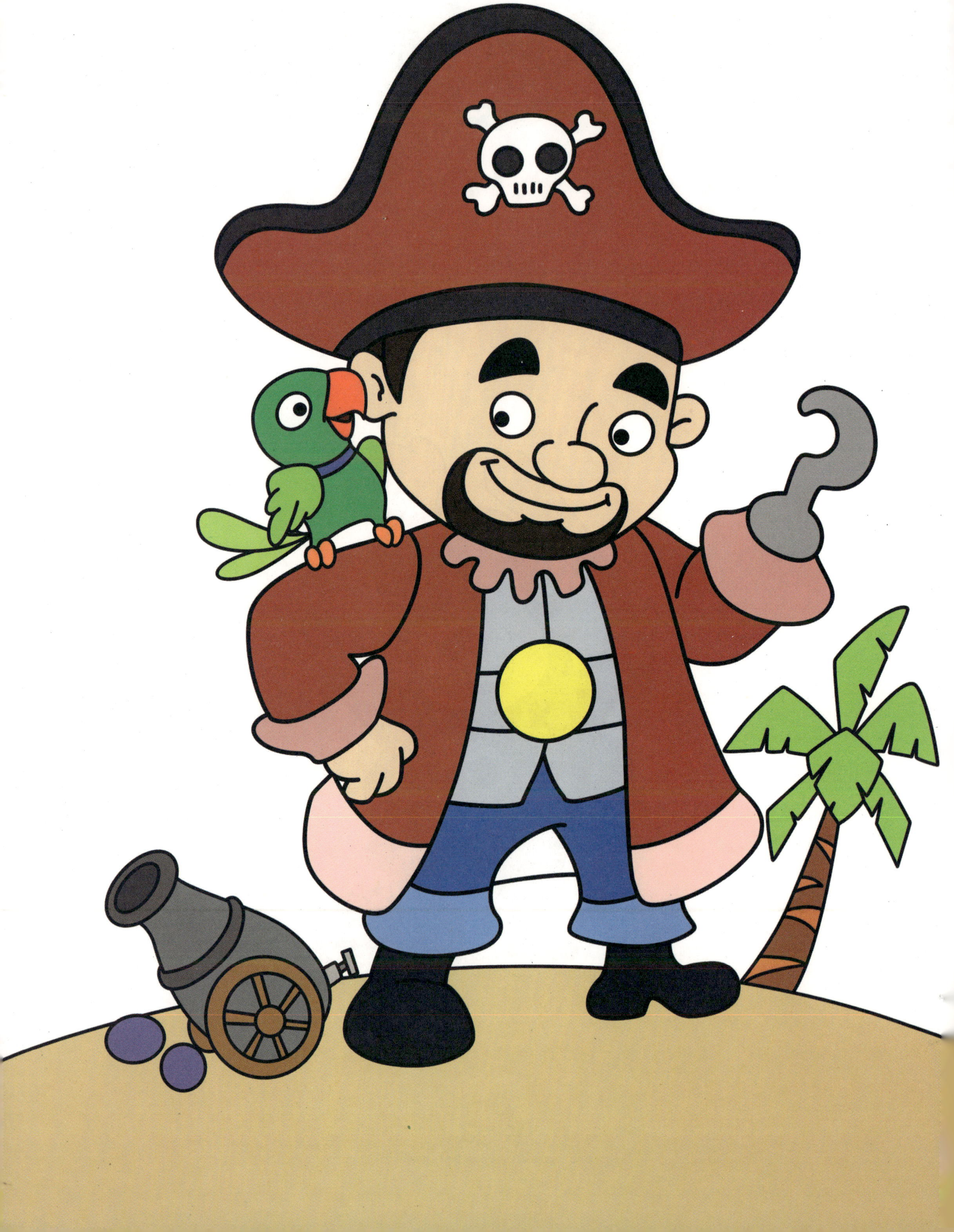

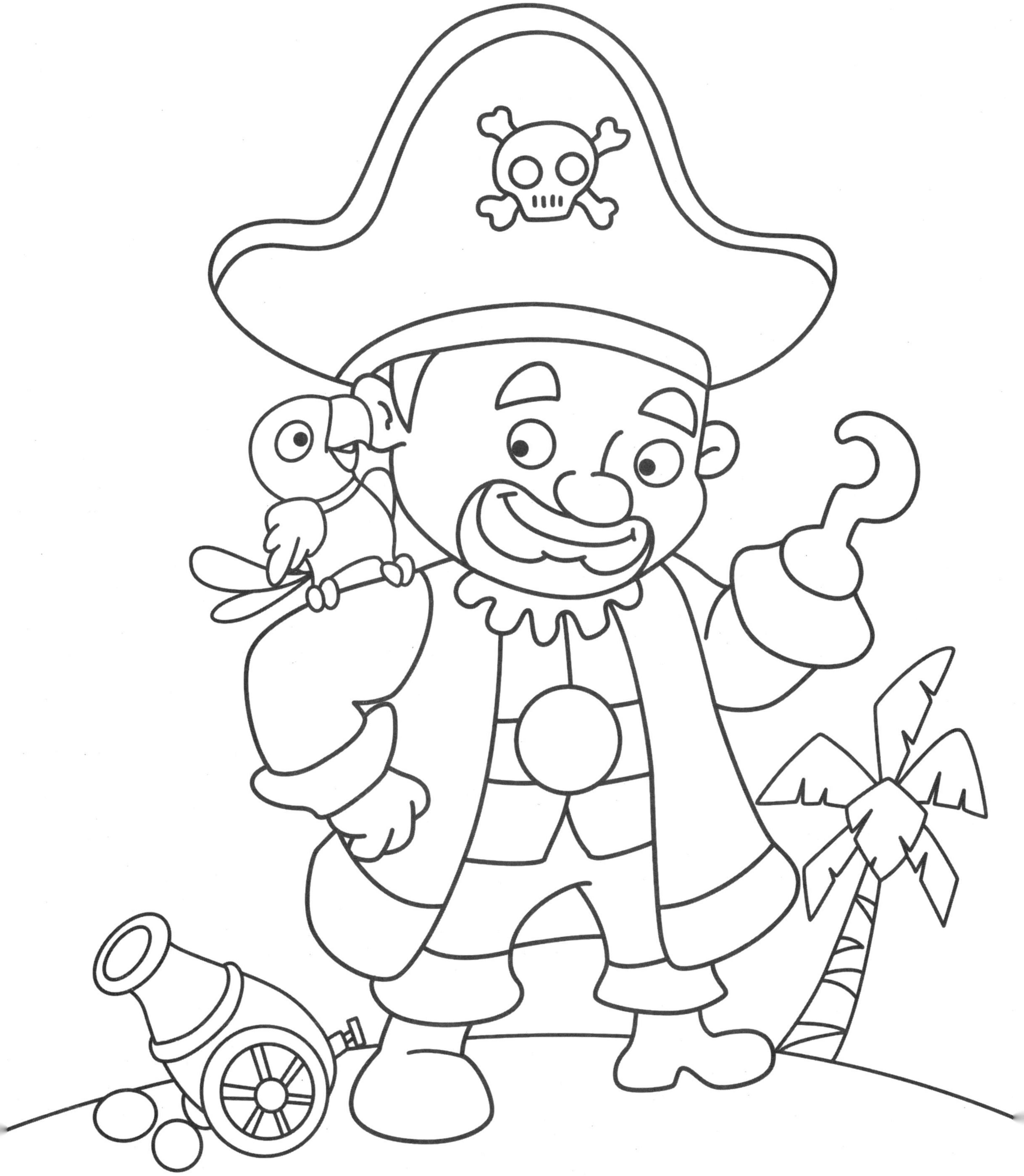

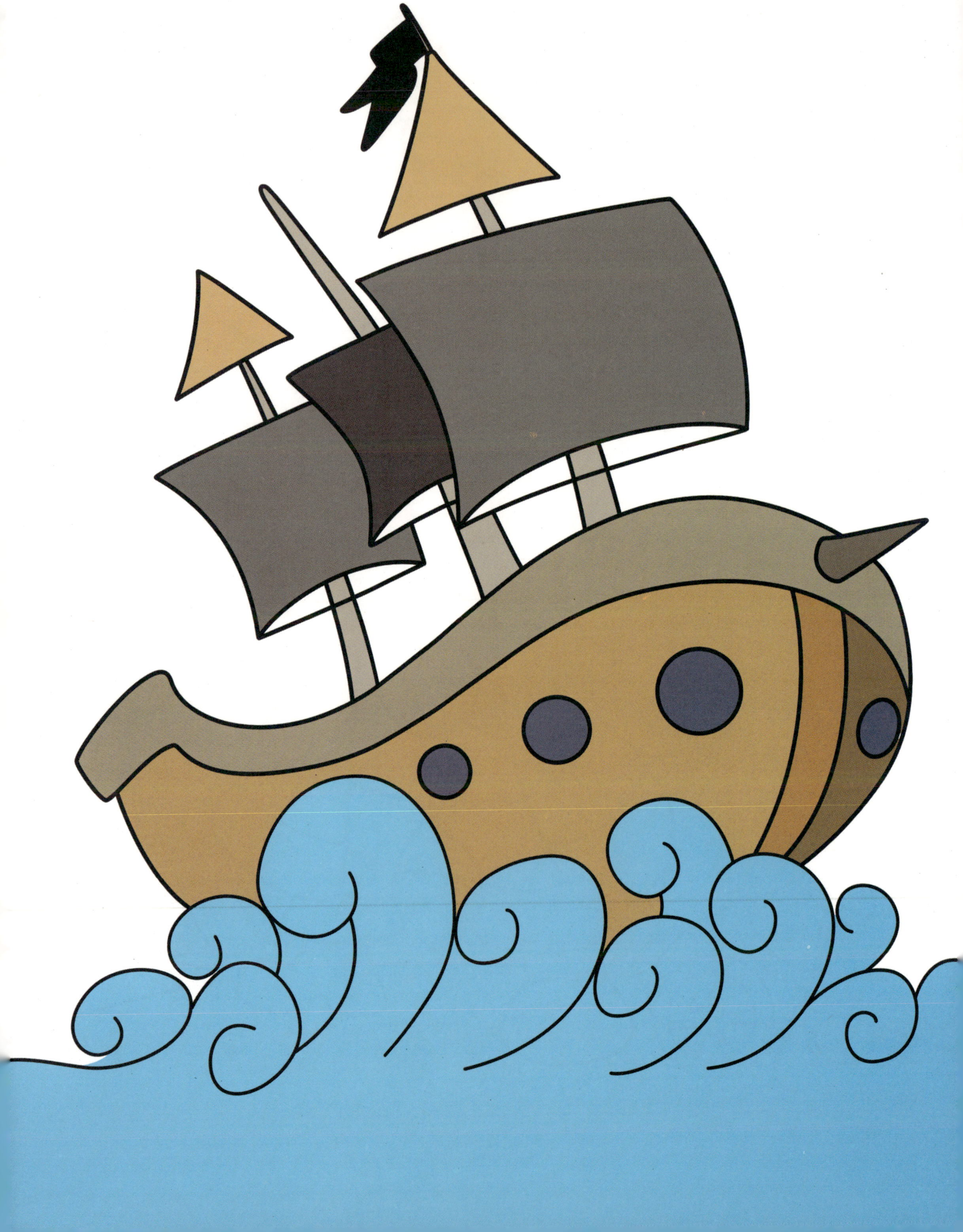

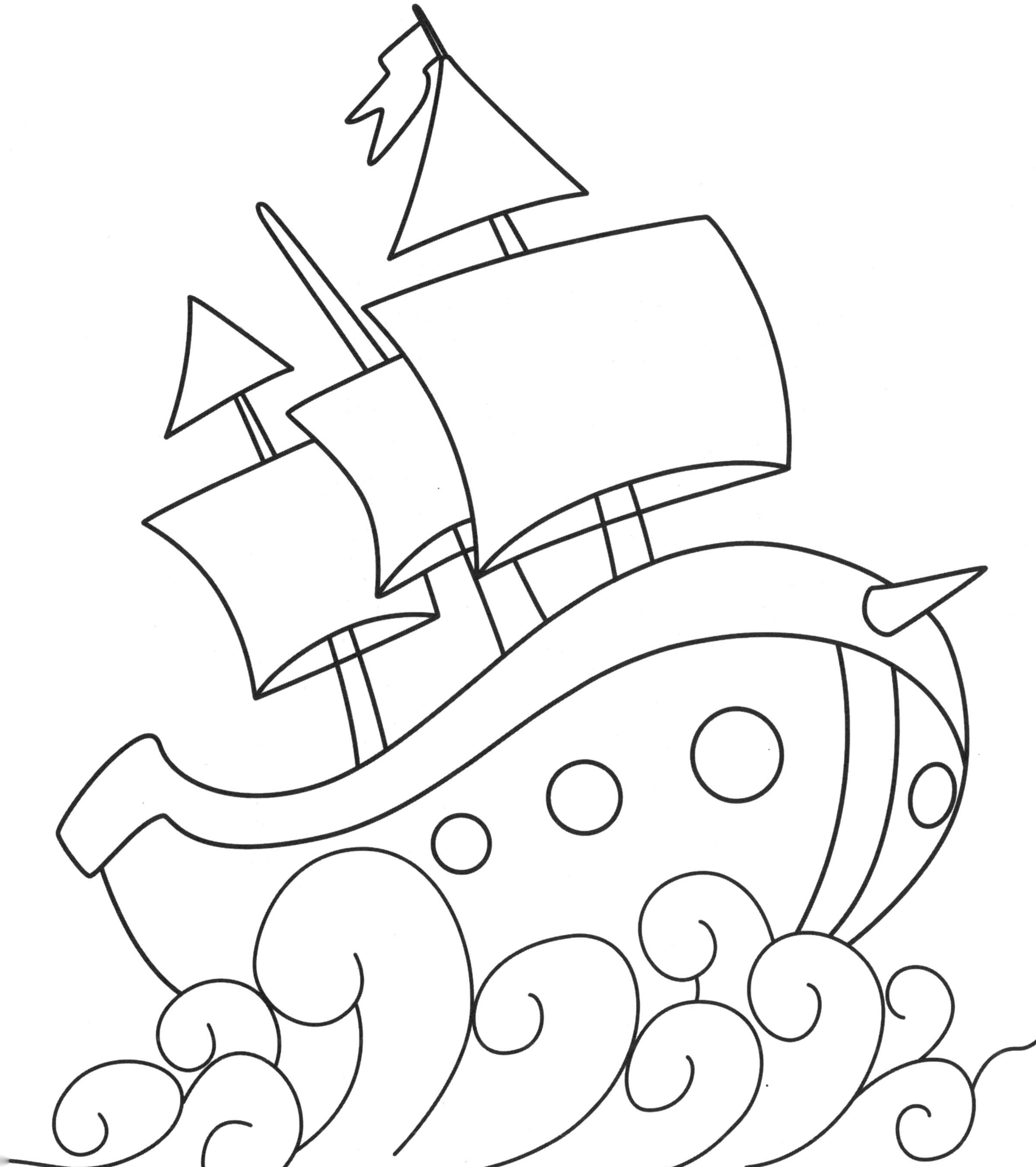

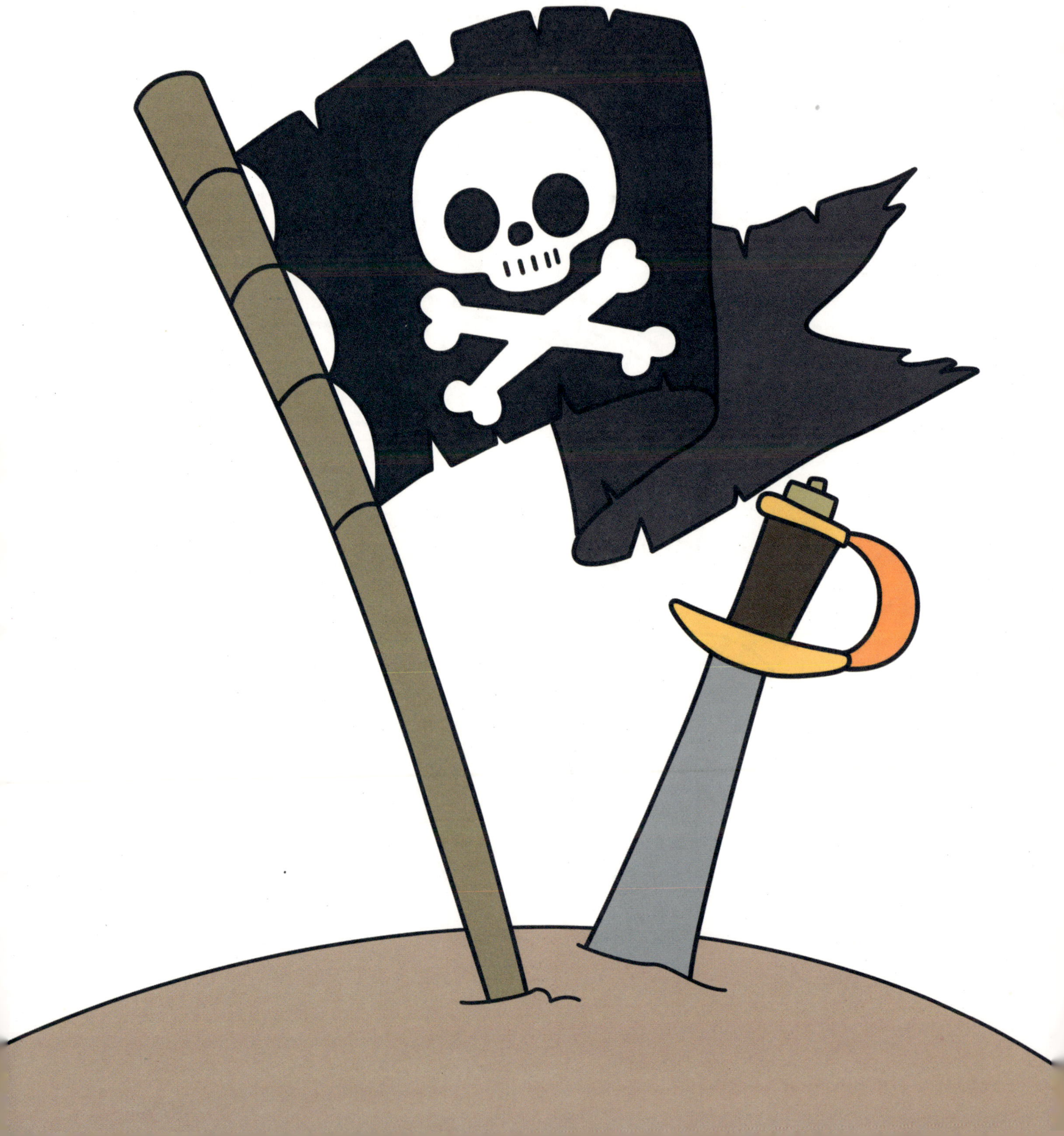

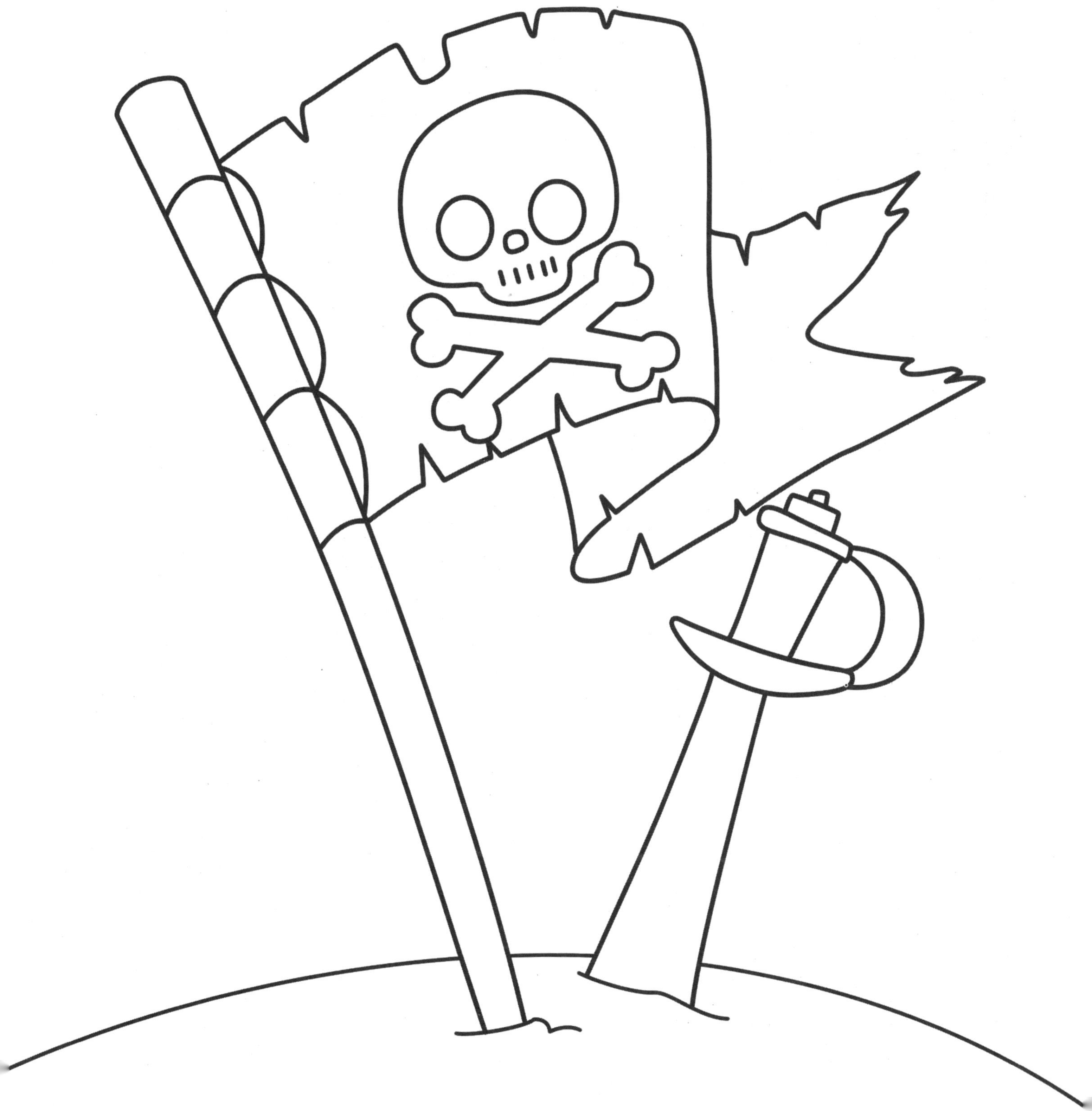

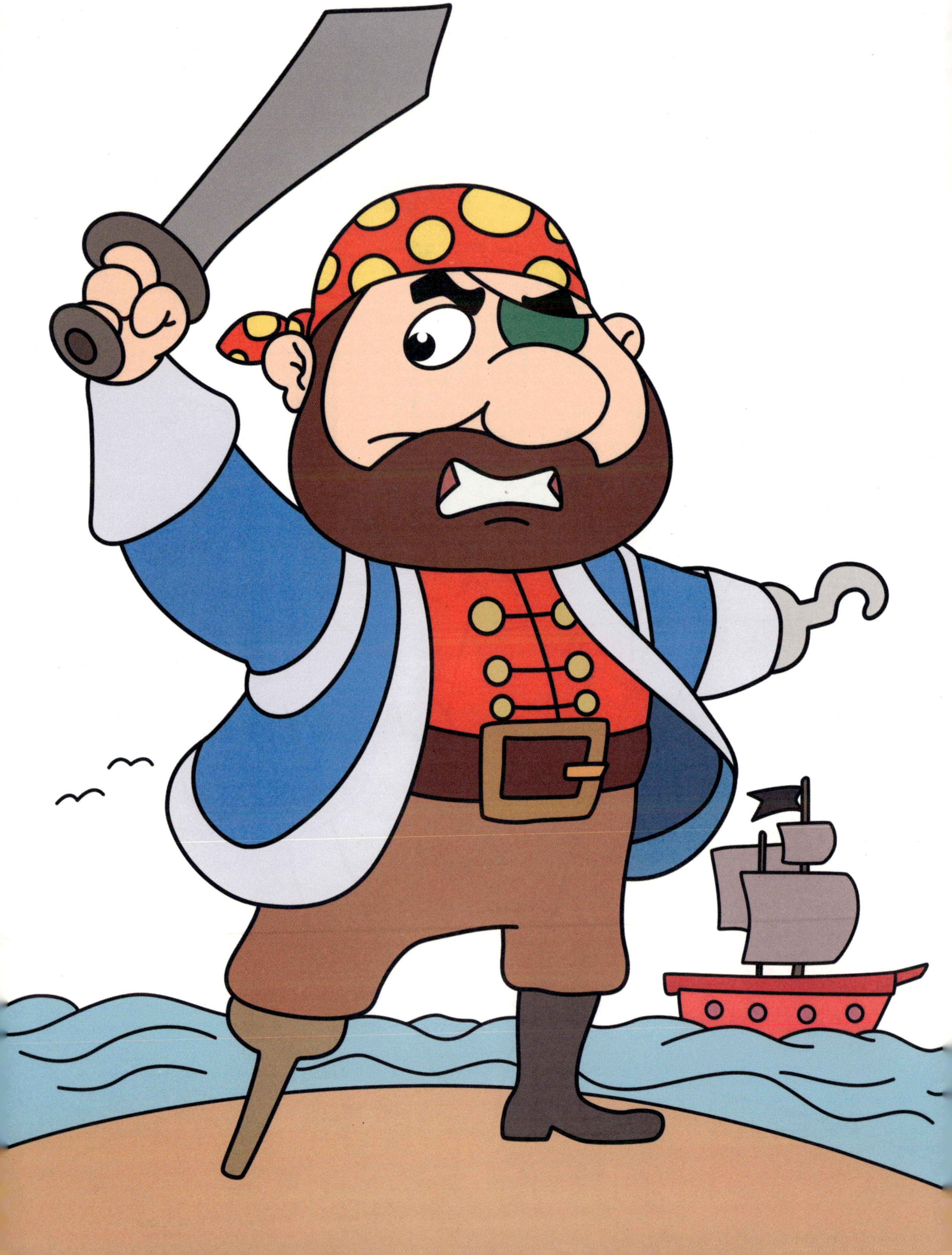

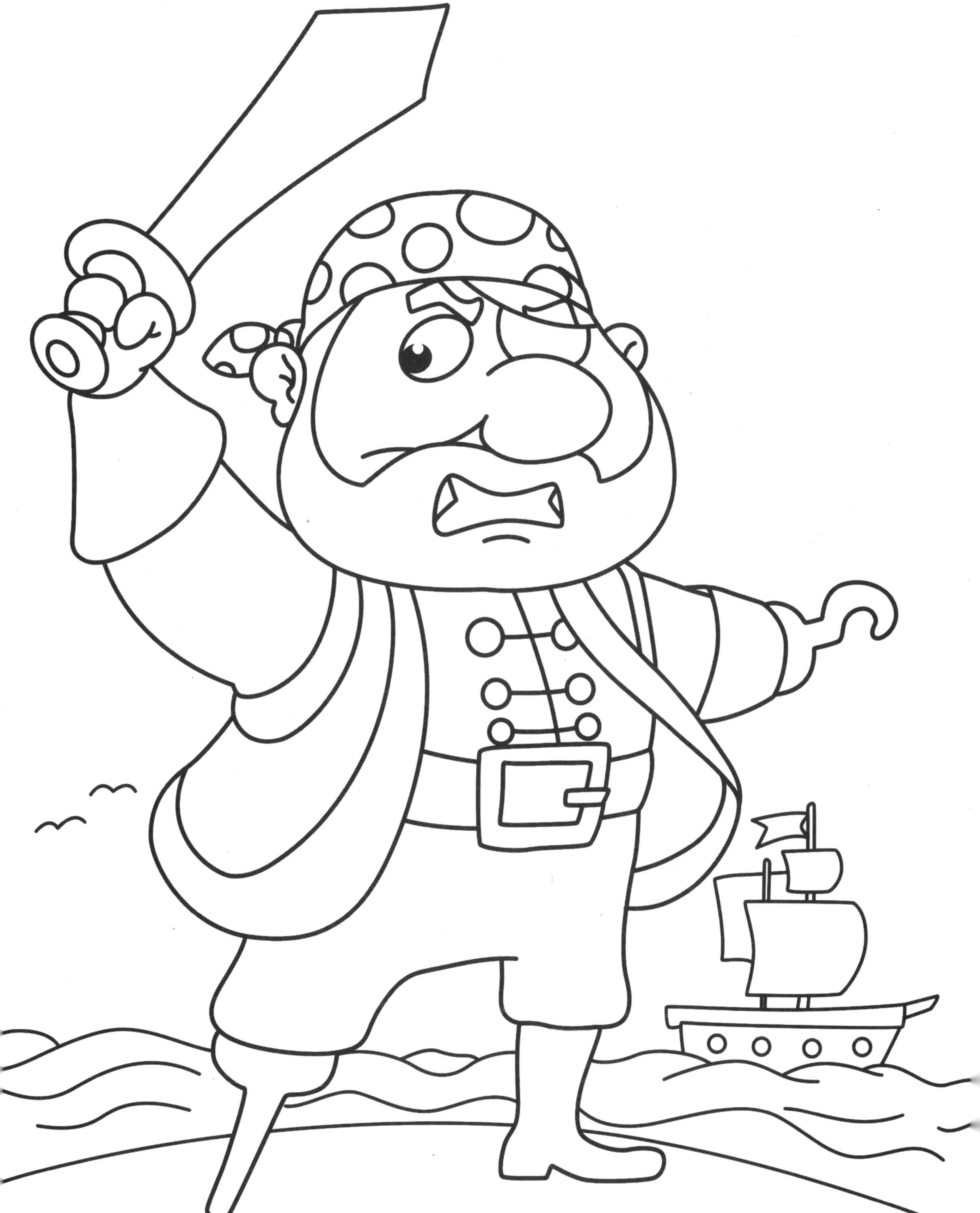

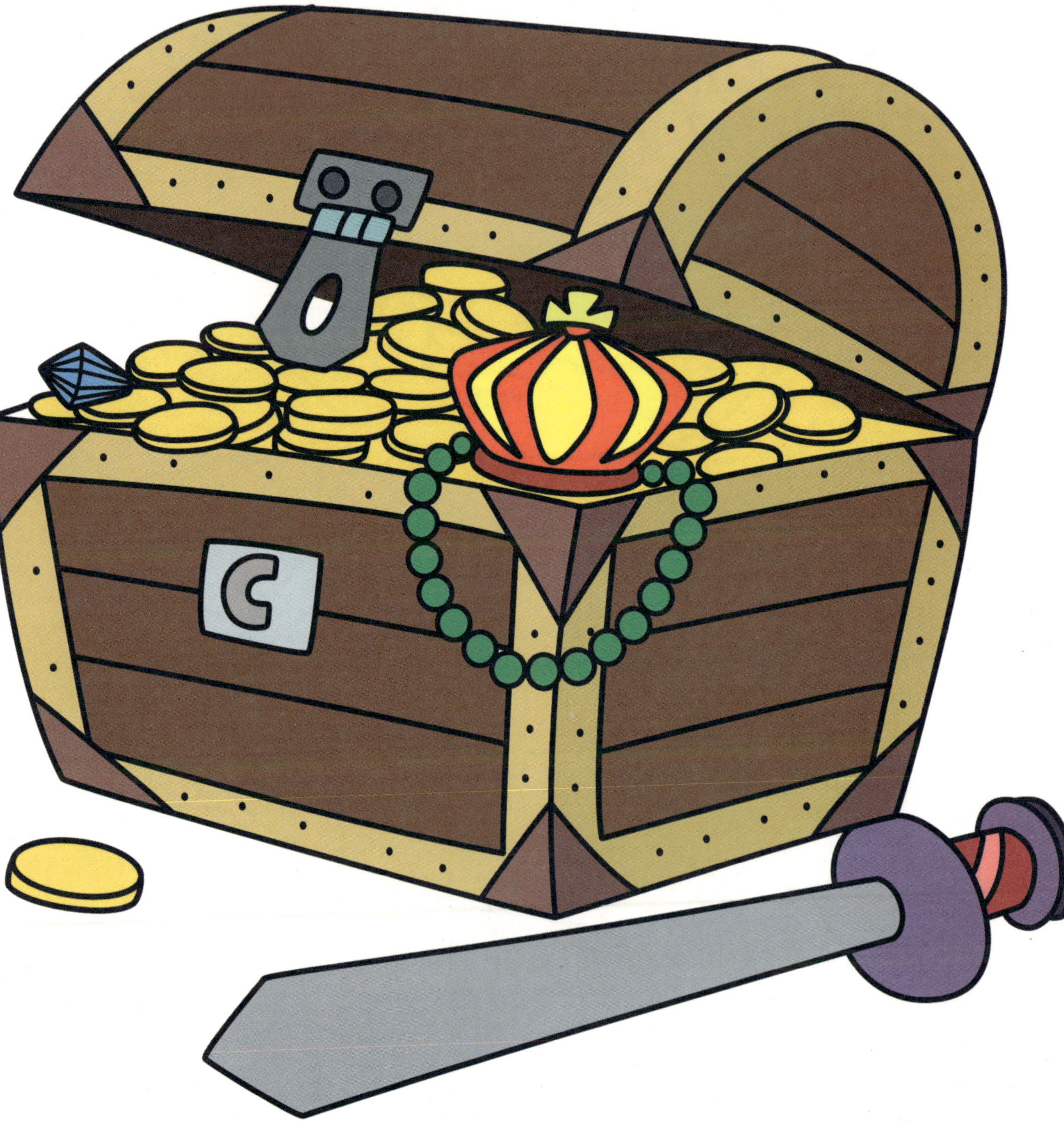
C

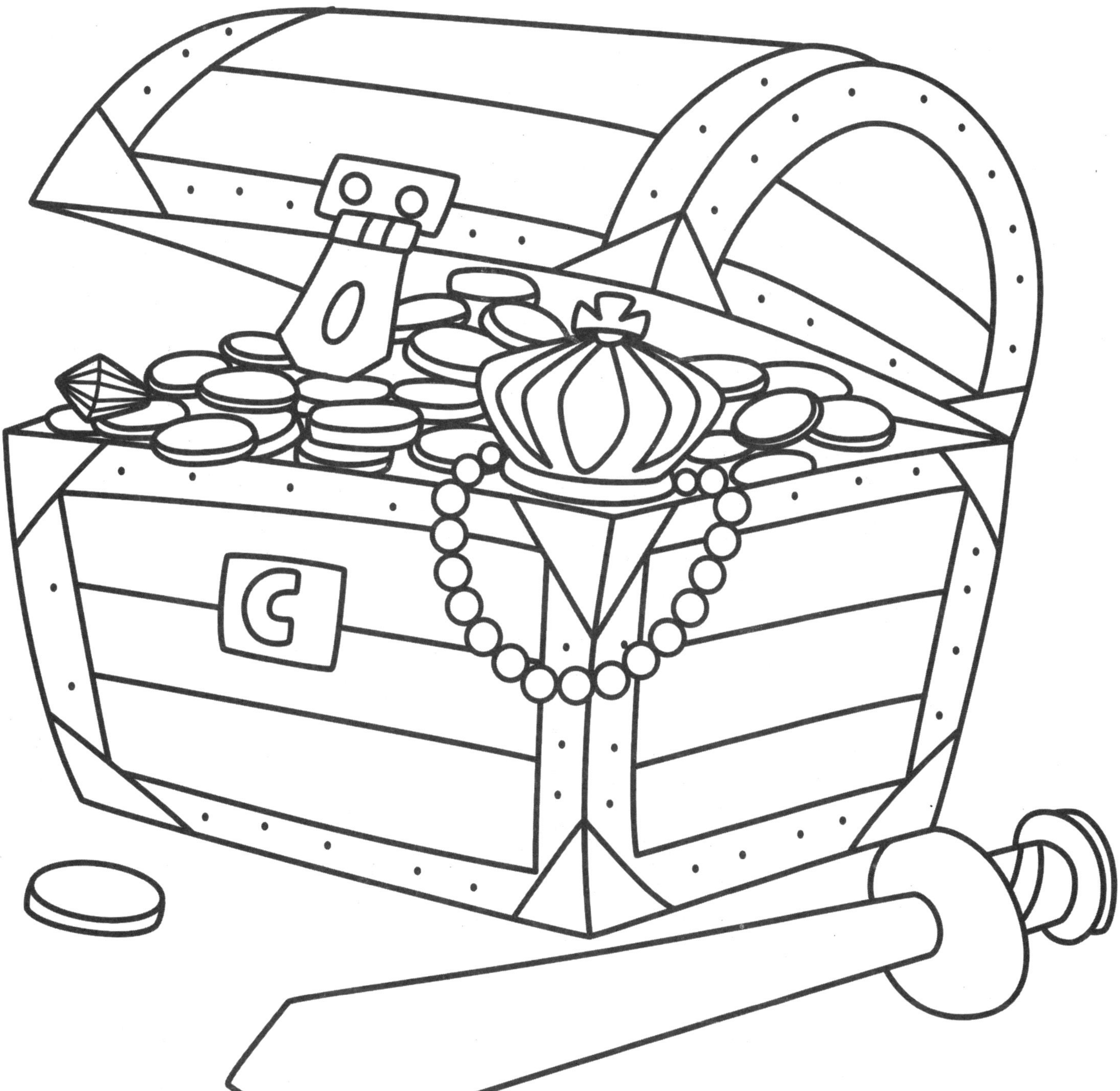
C

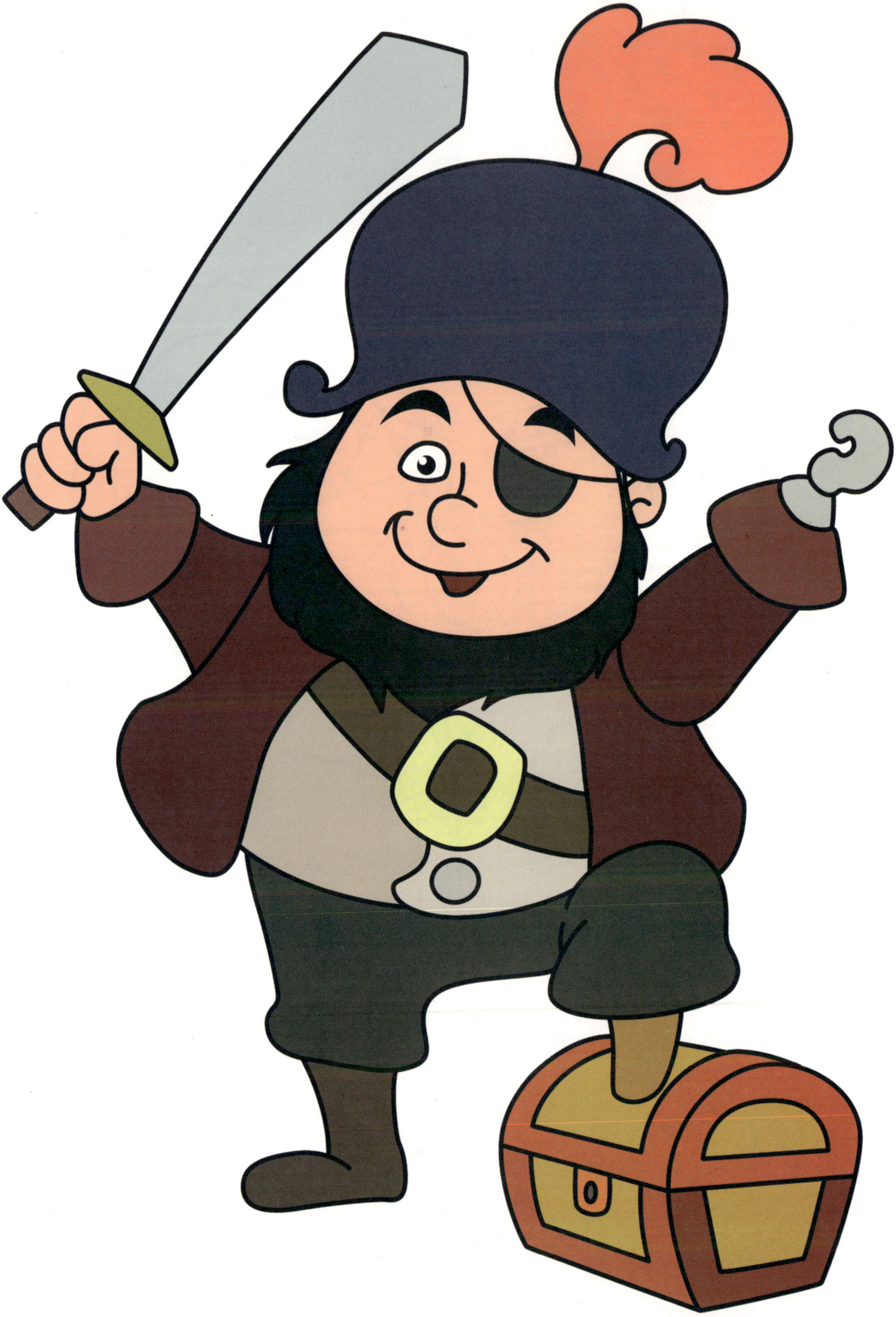

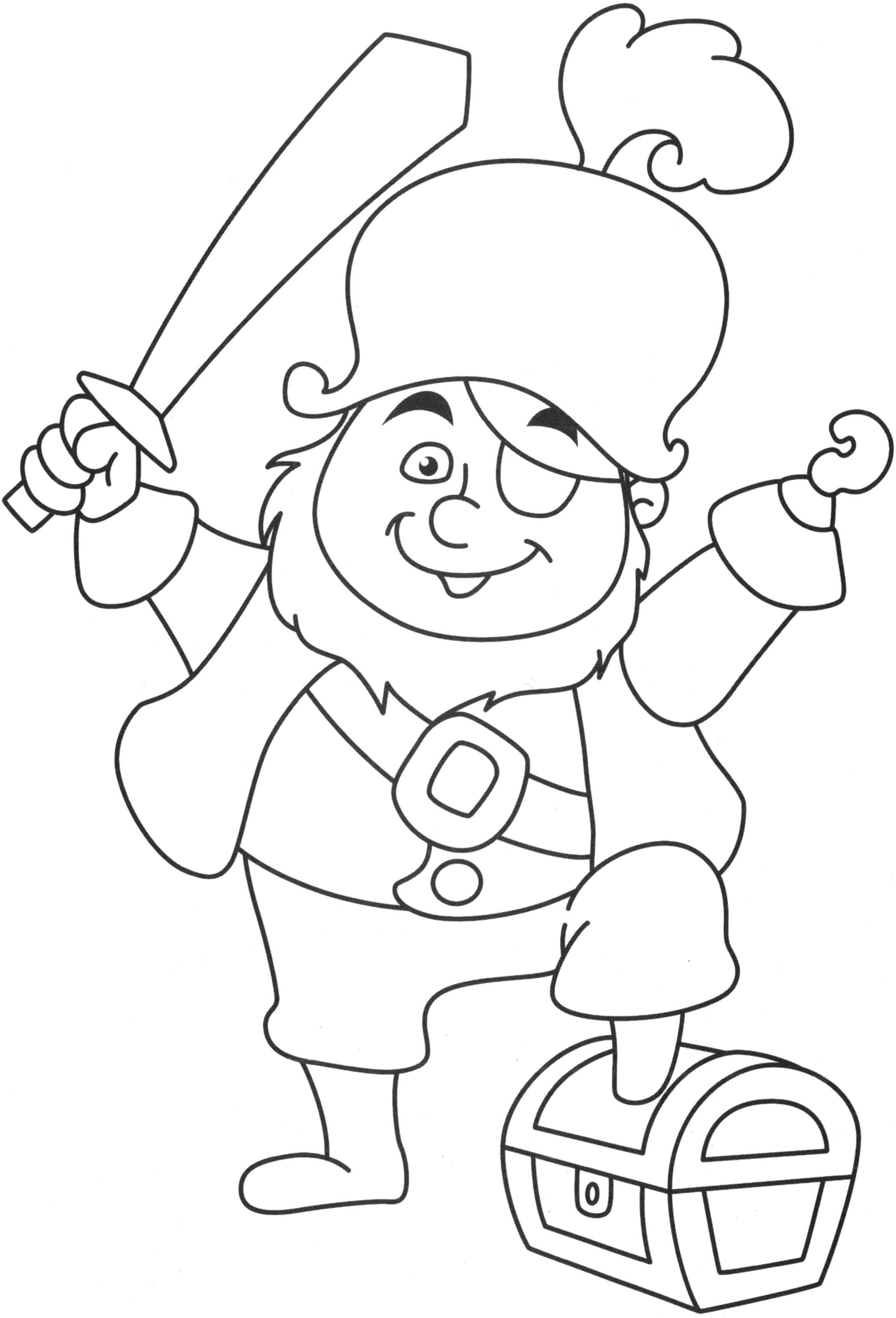

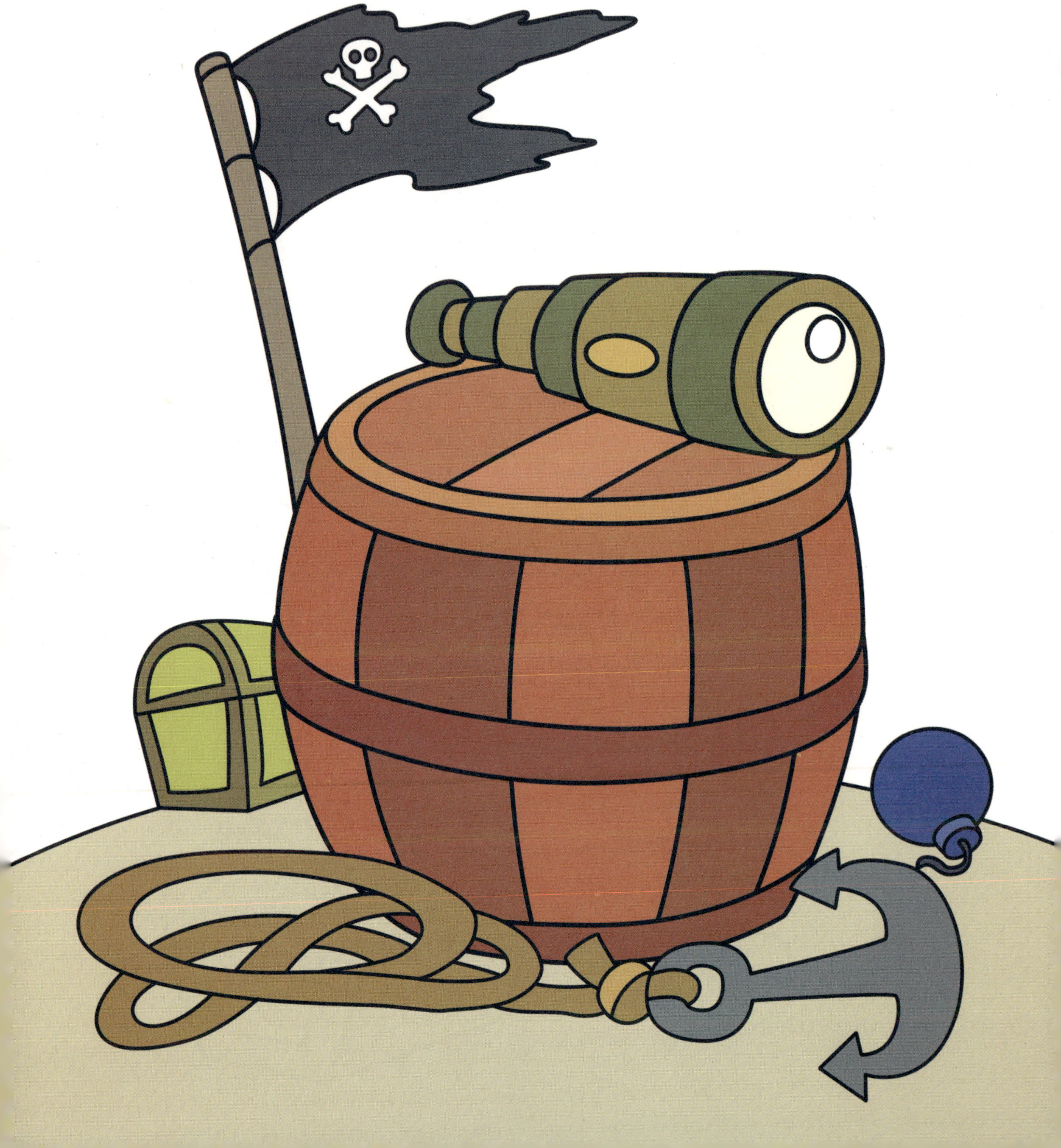

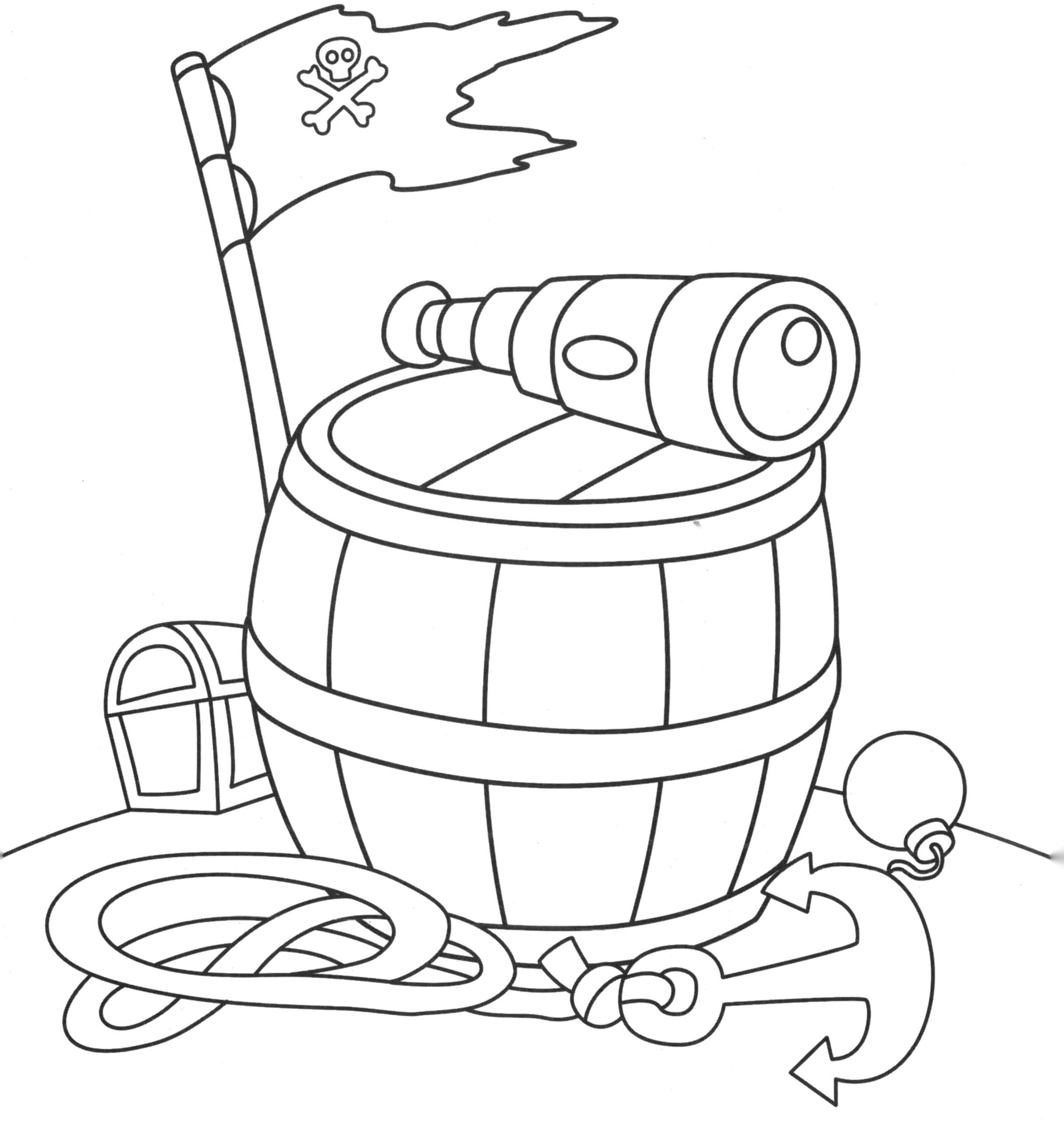

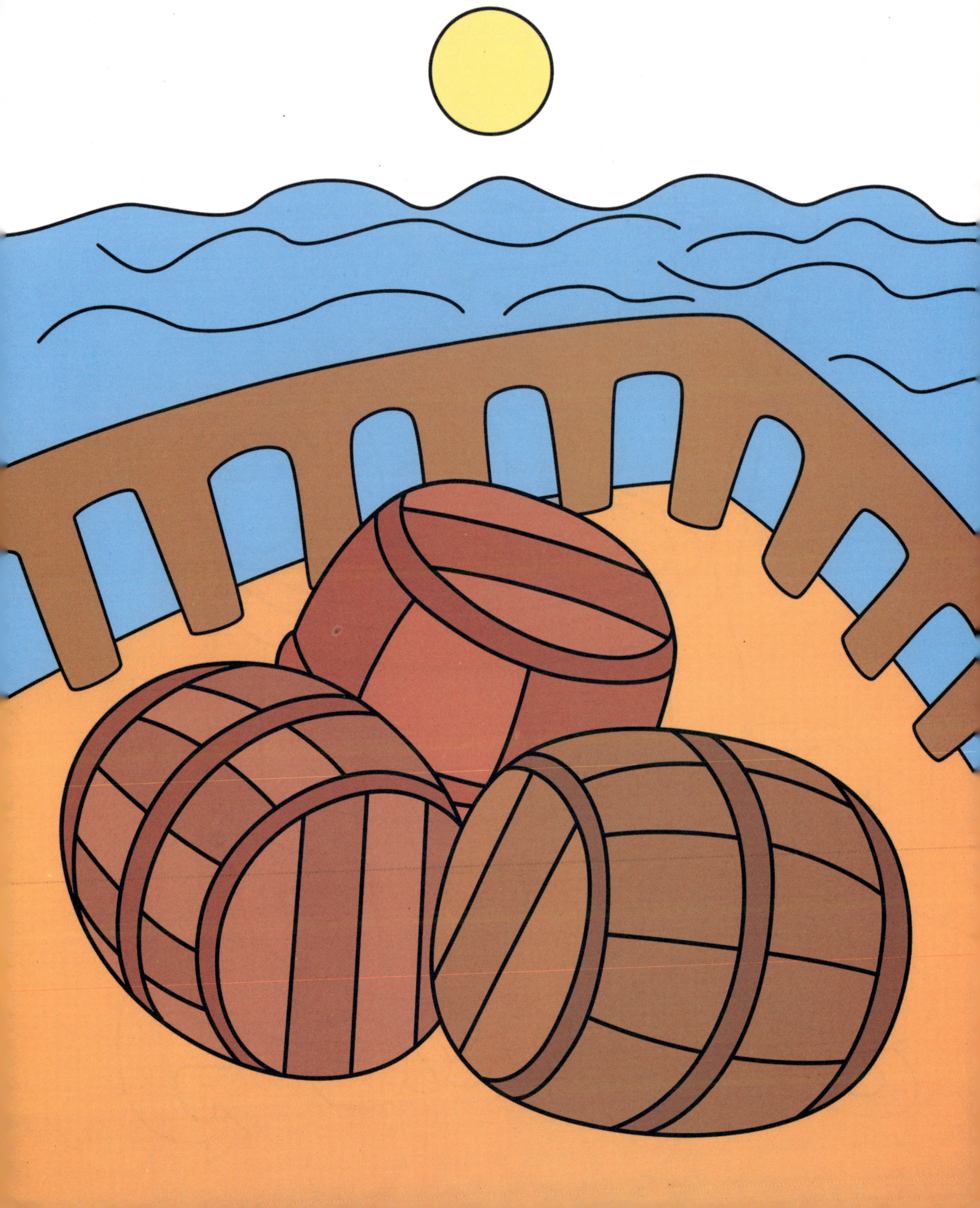

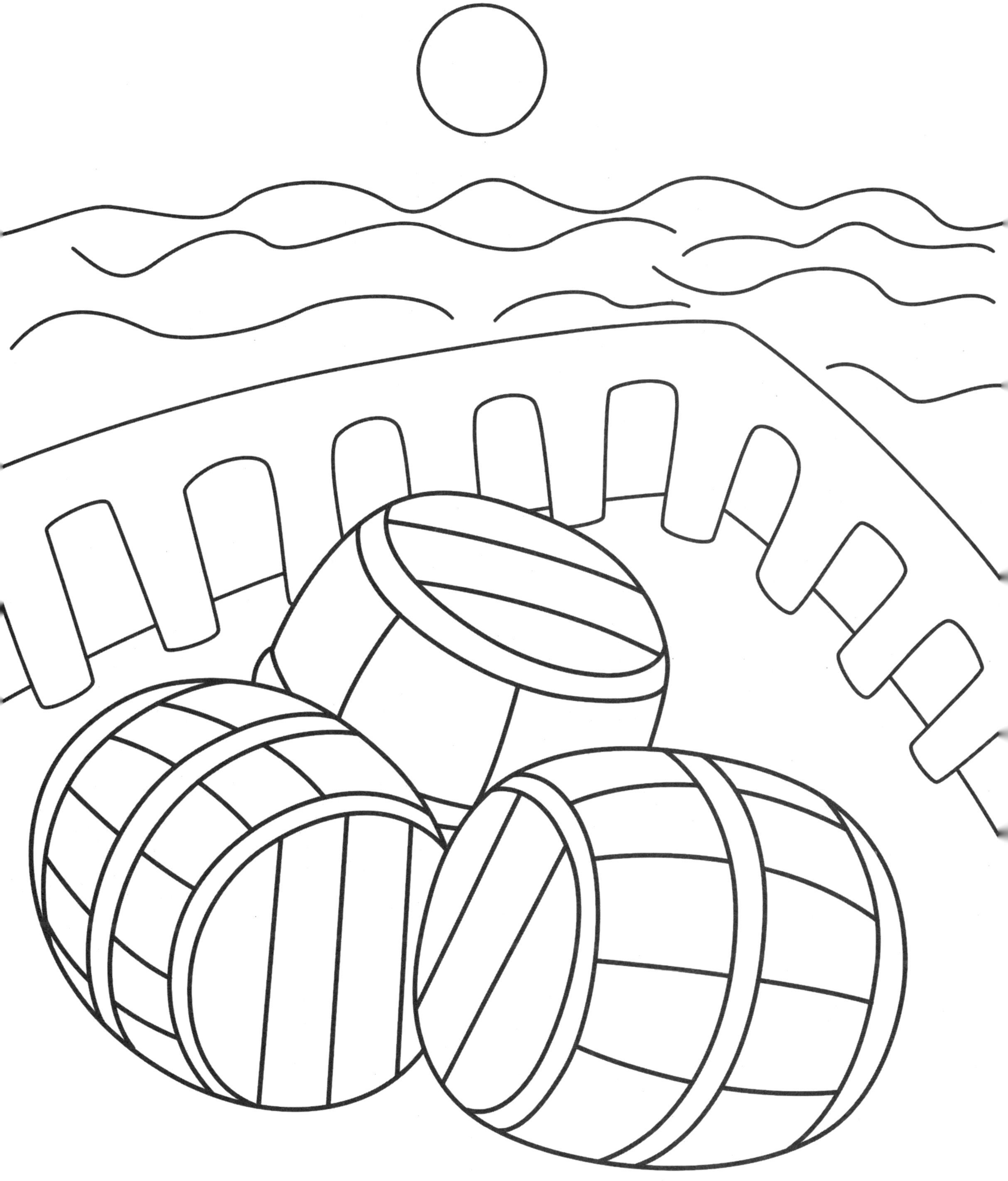

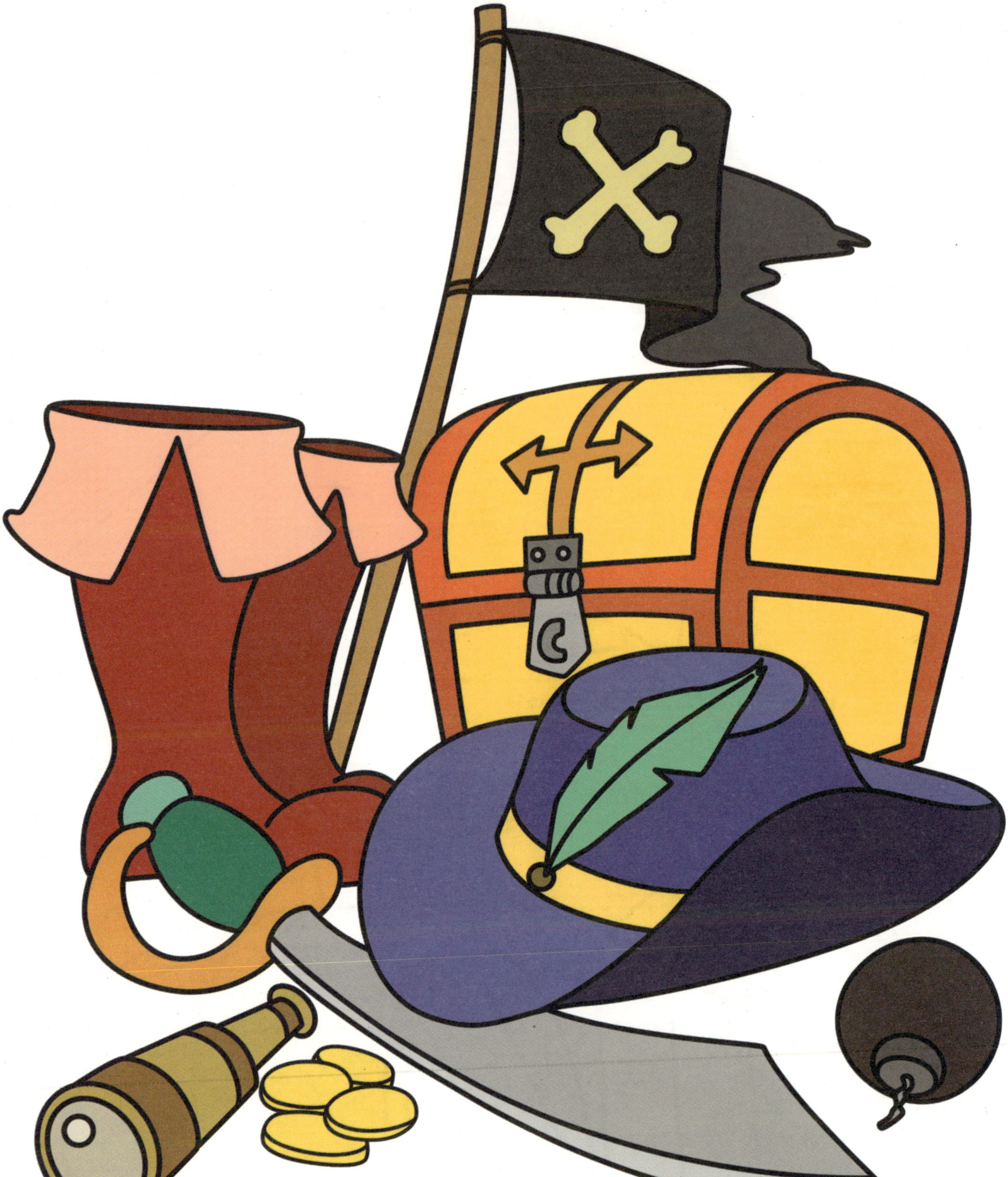

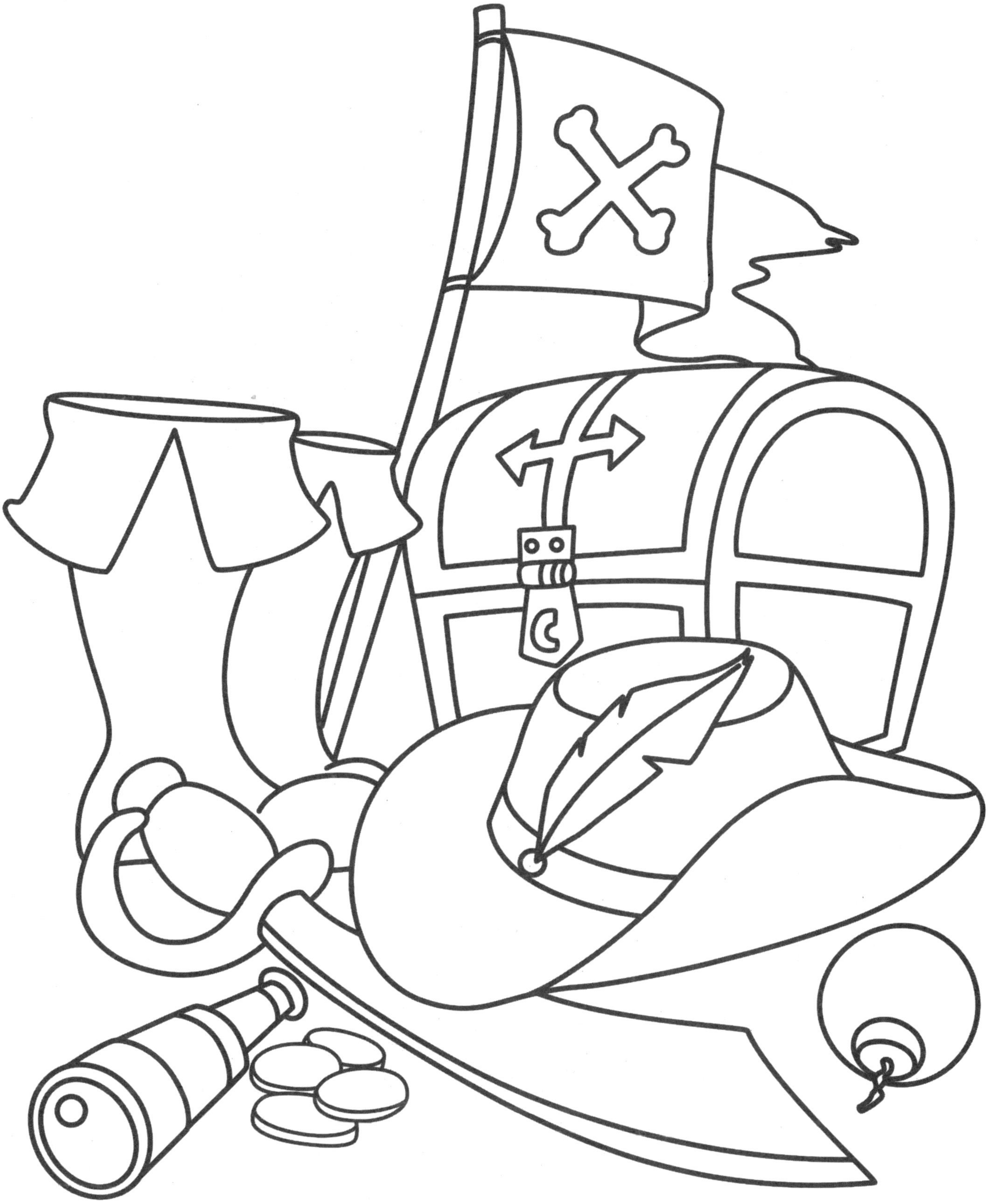

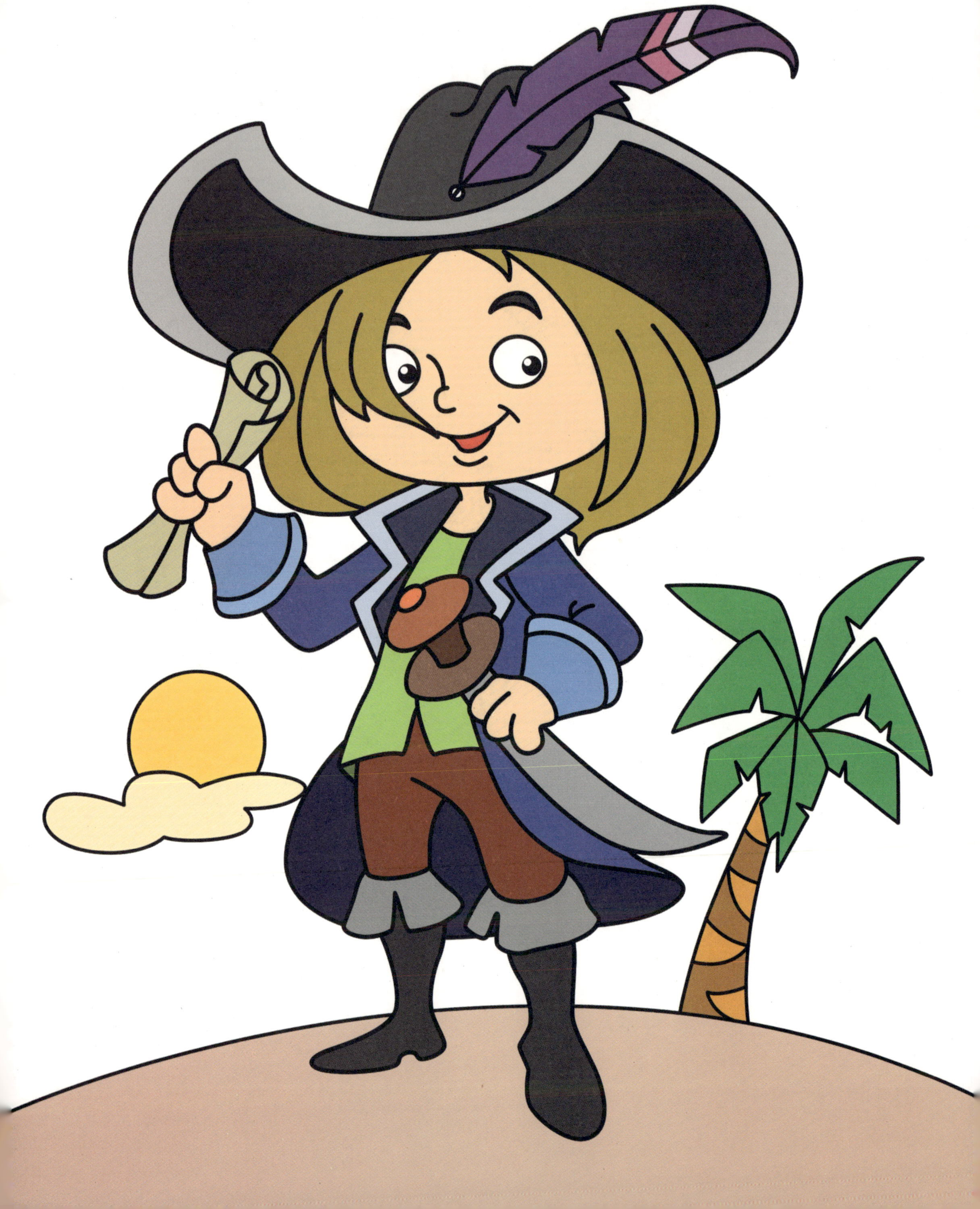

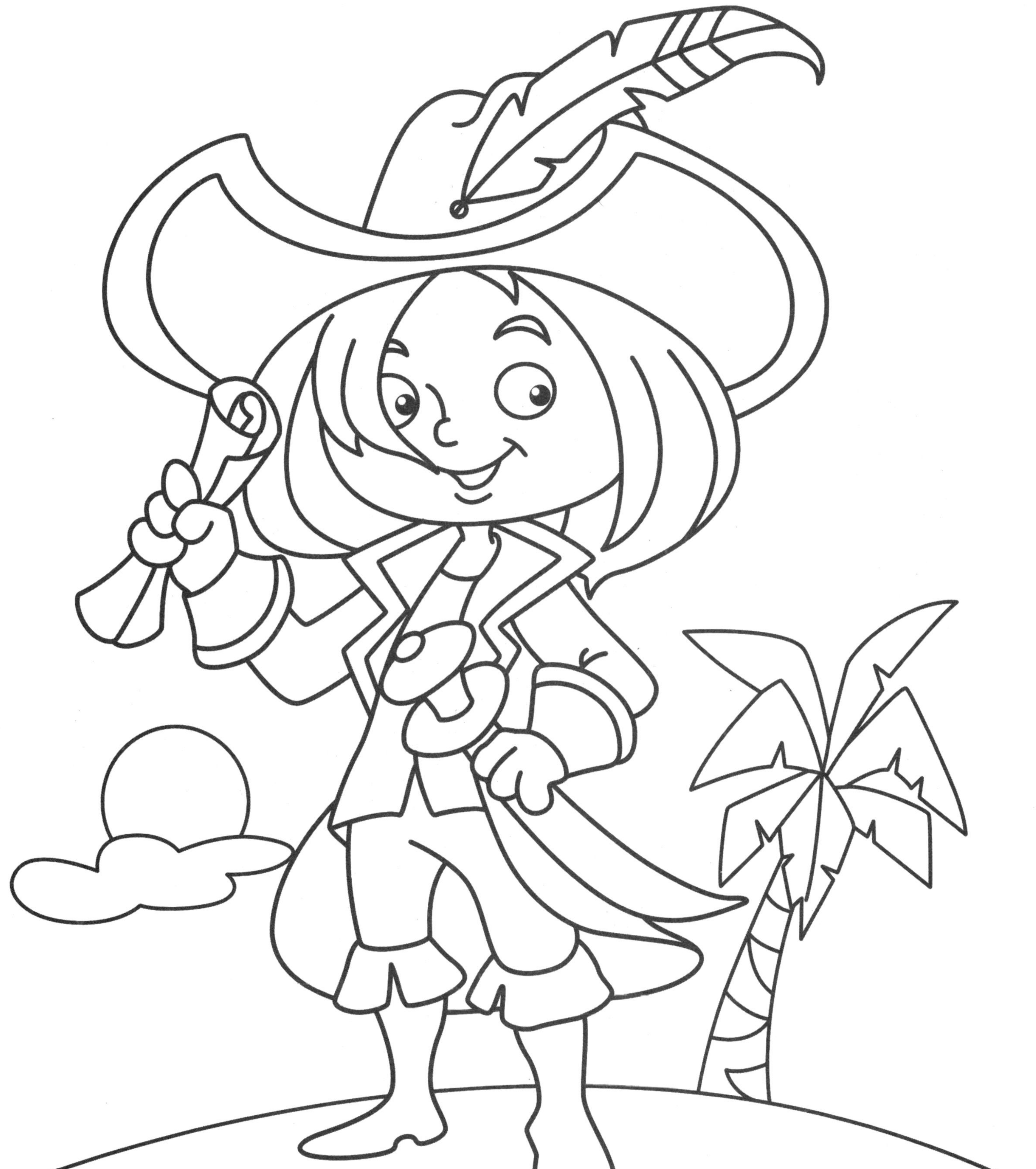

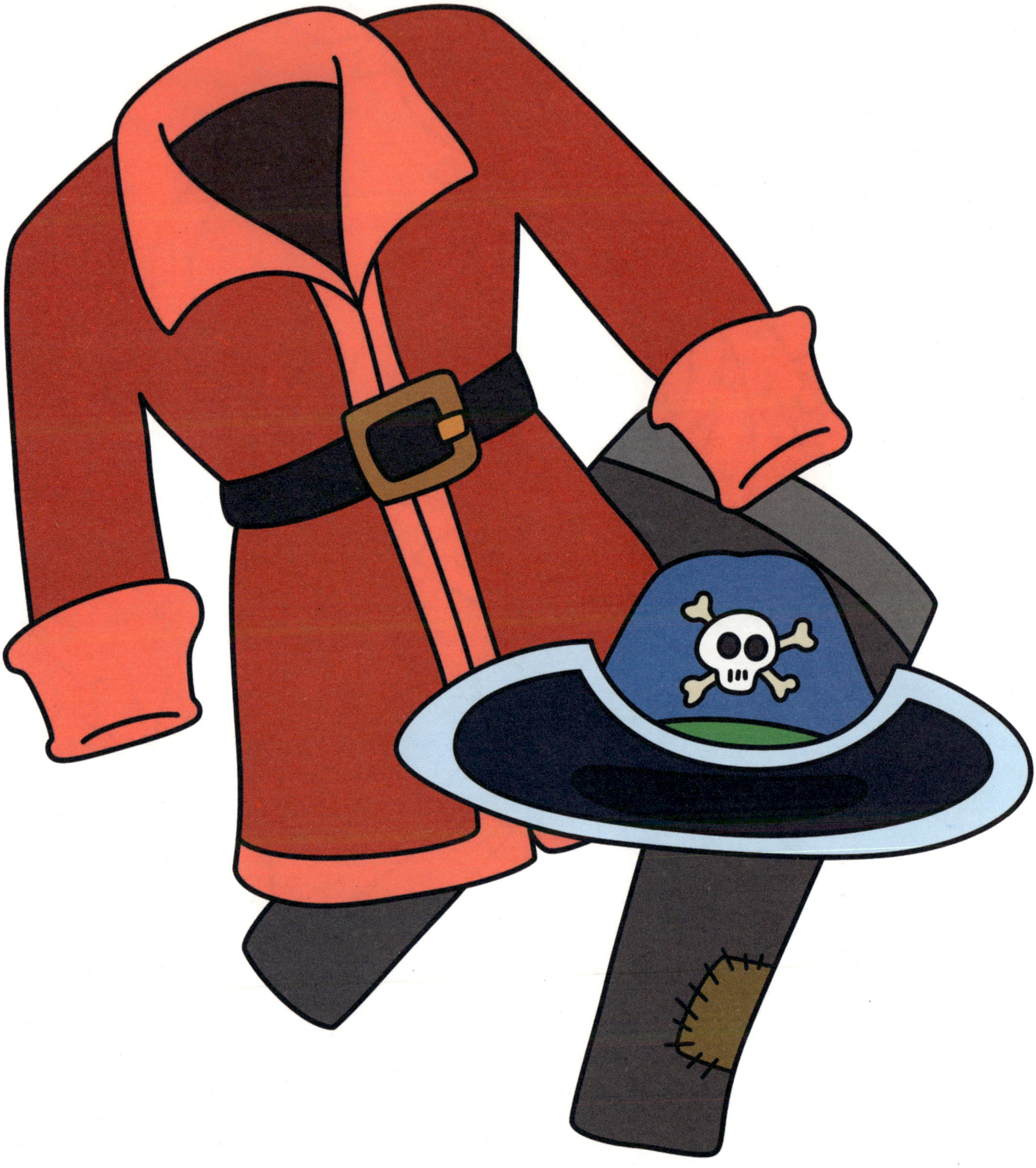

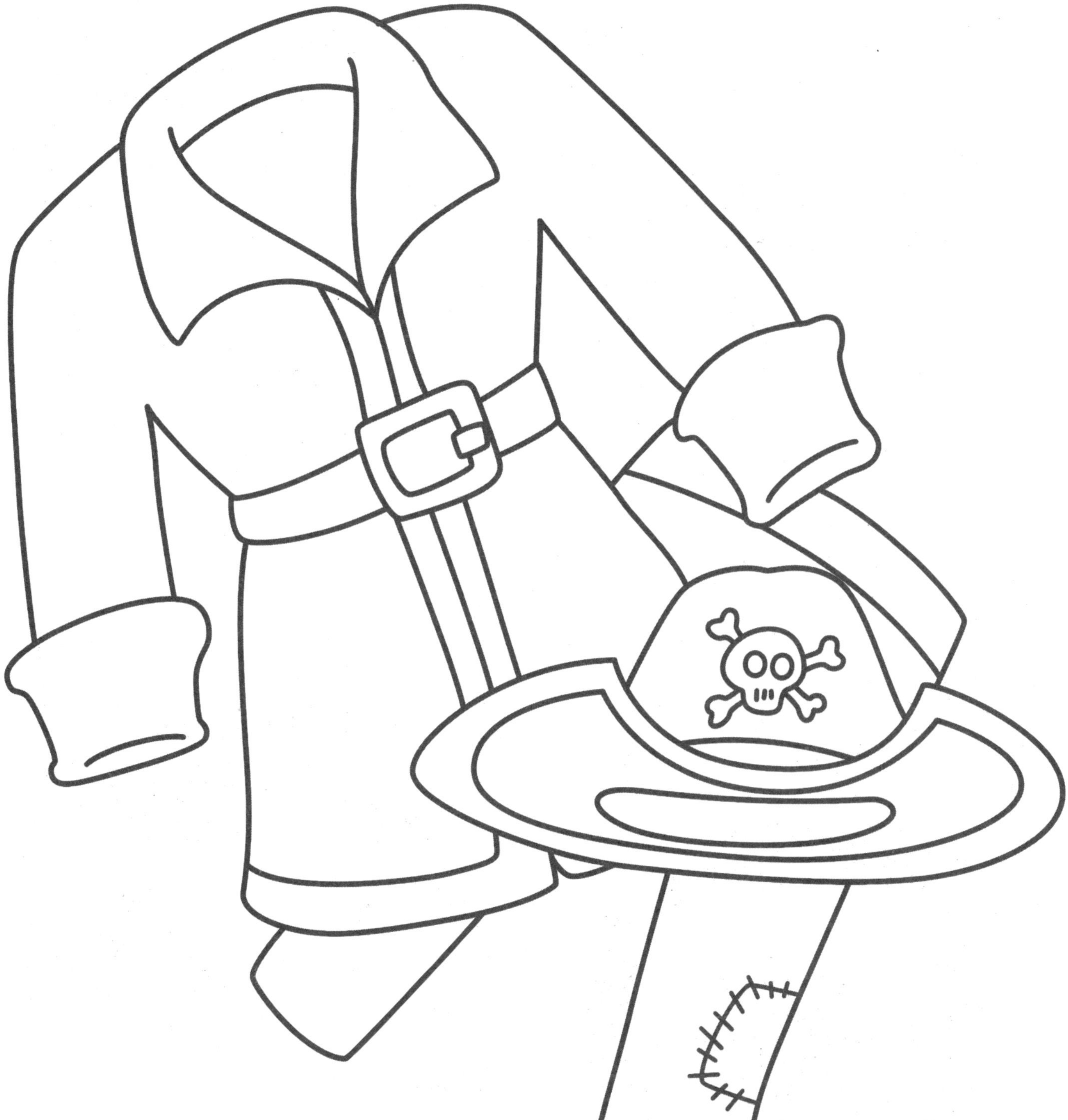

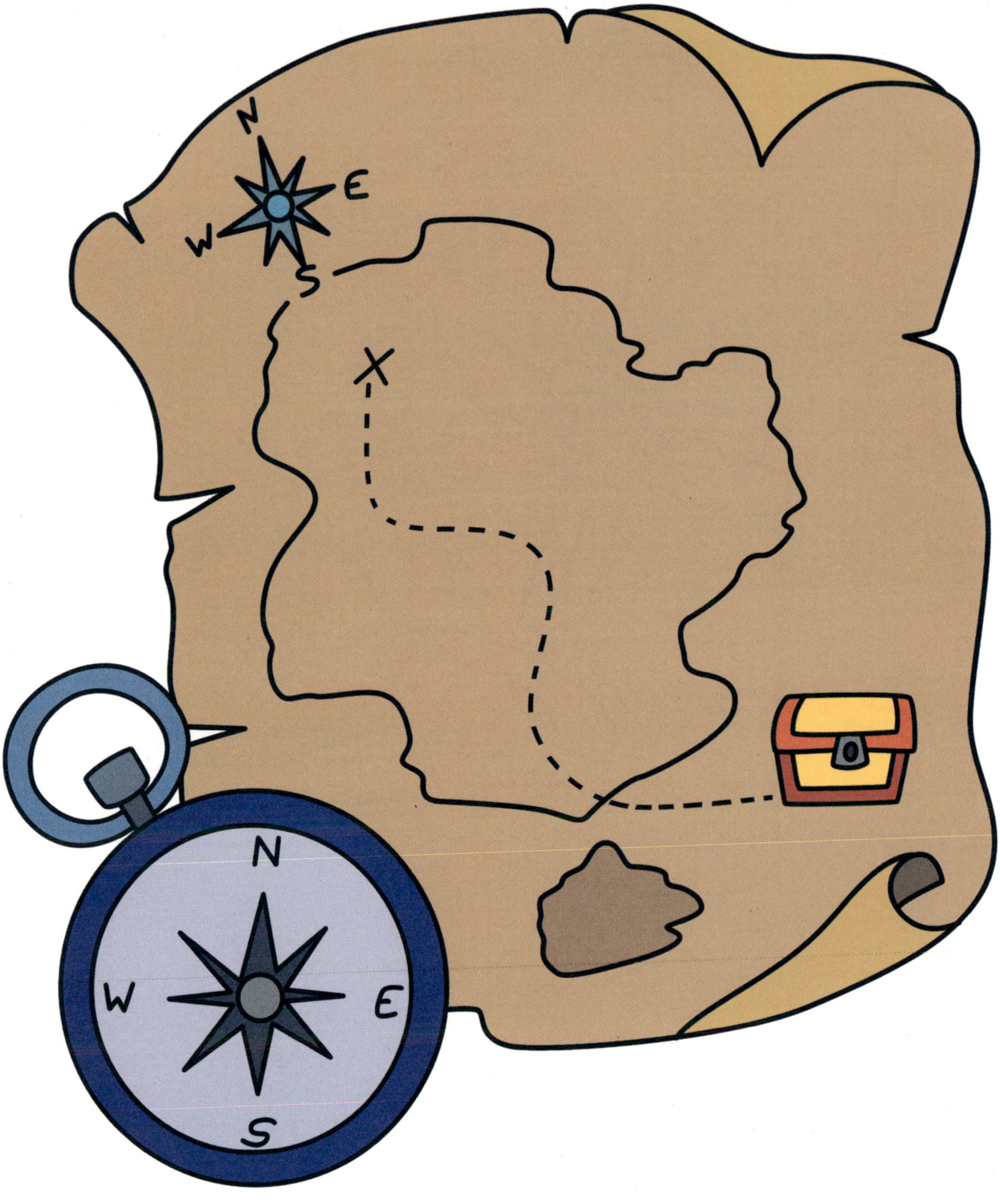
N
E
W
S
X
N
W
E
S

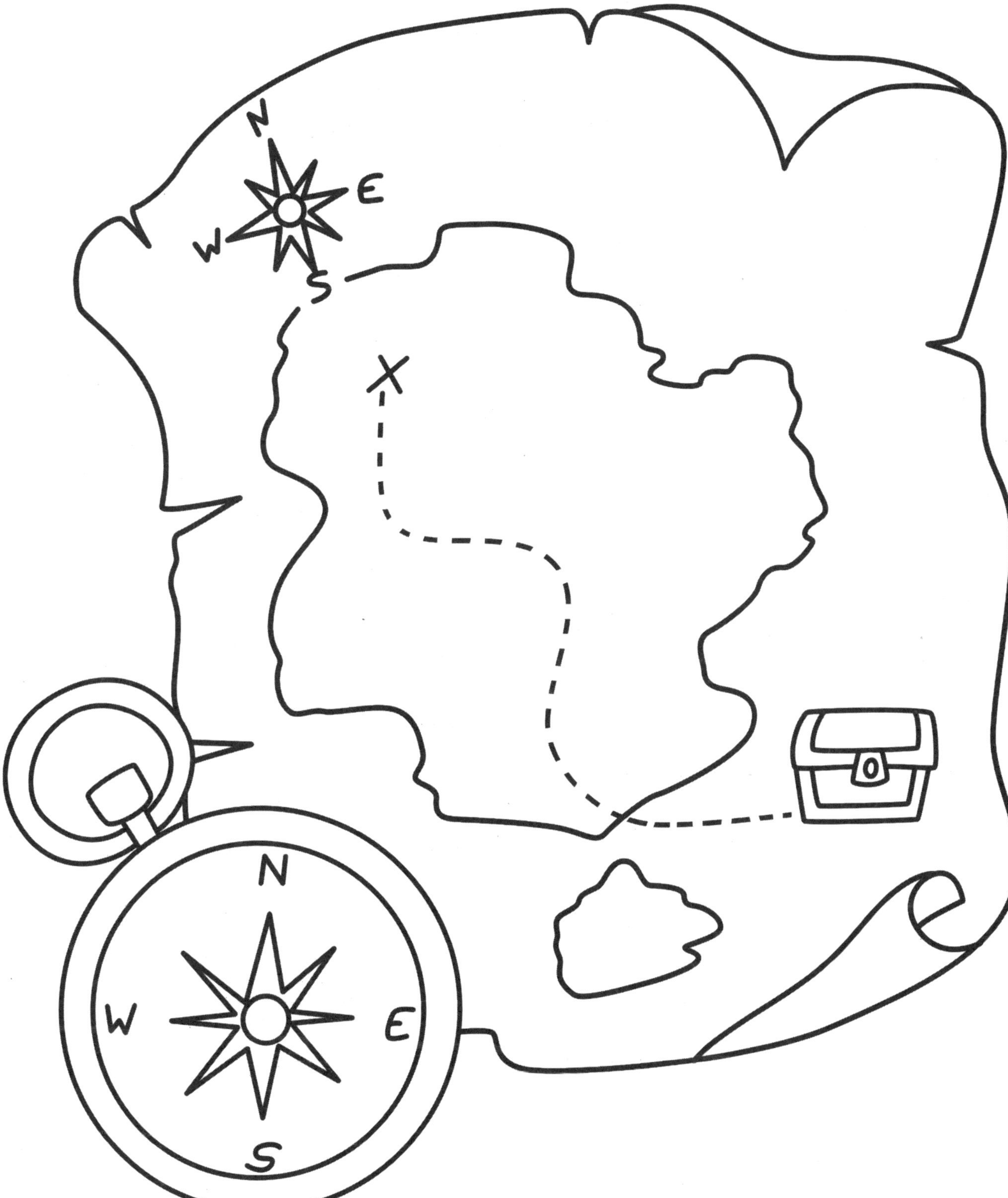
N
E
W
S
N
W
E
S

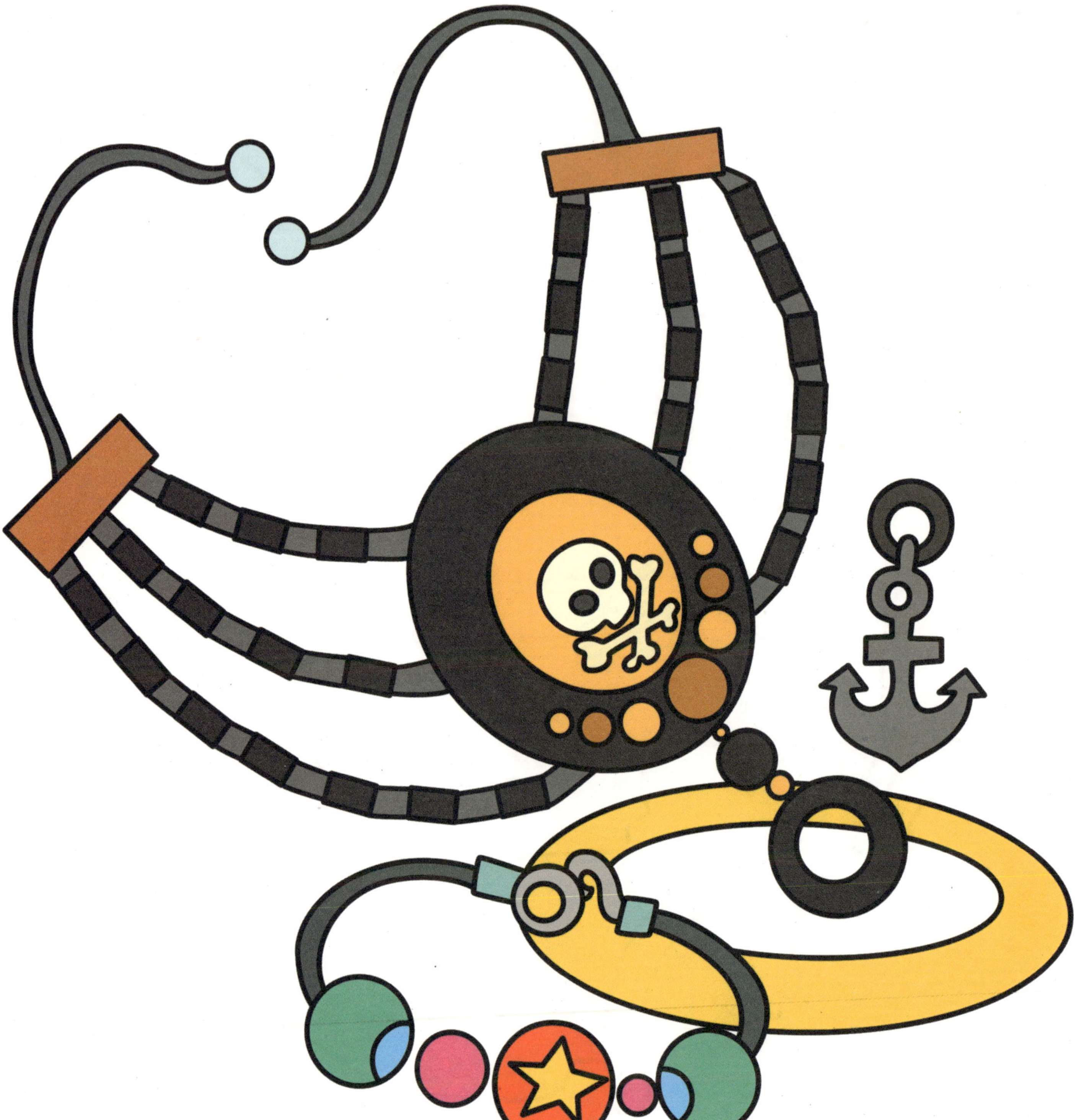

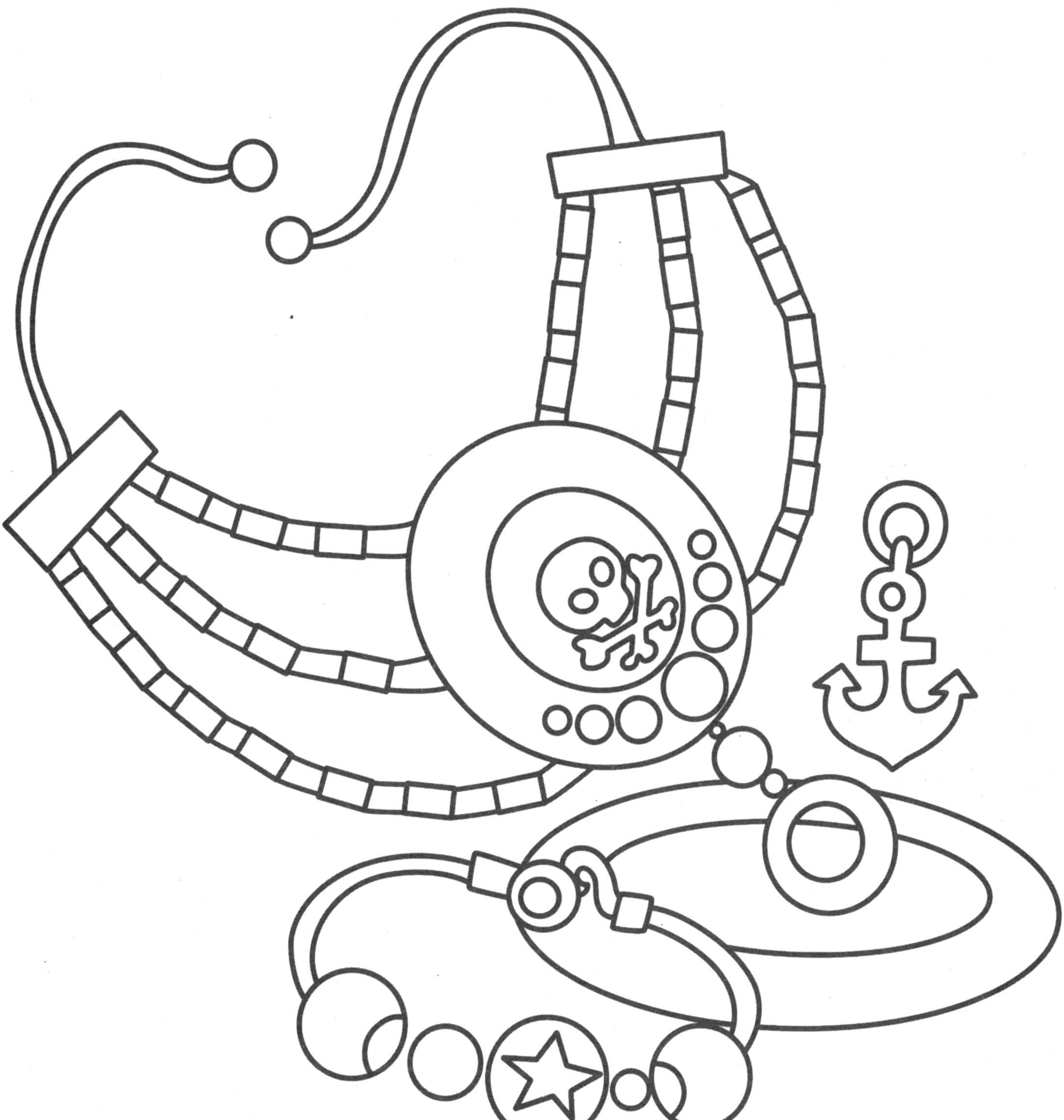

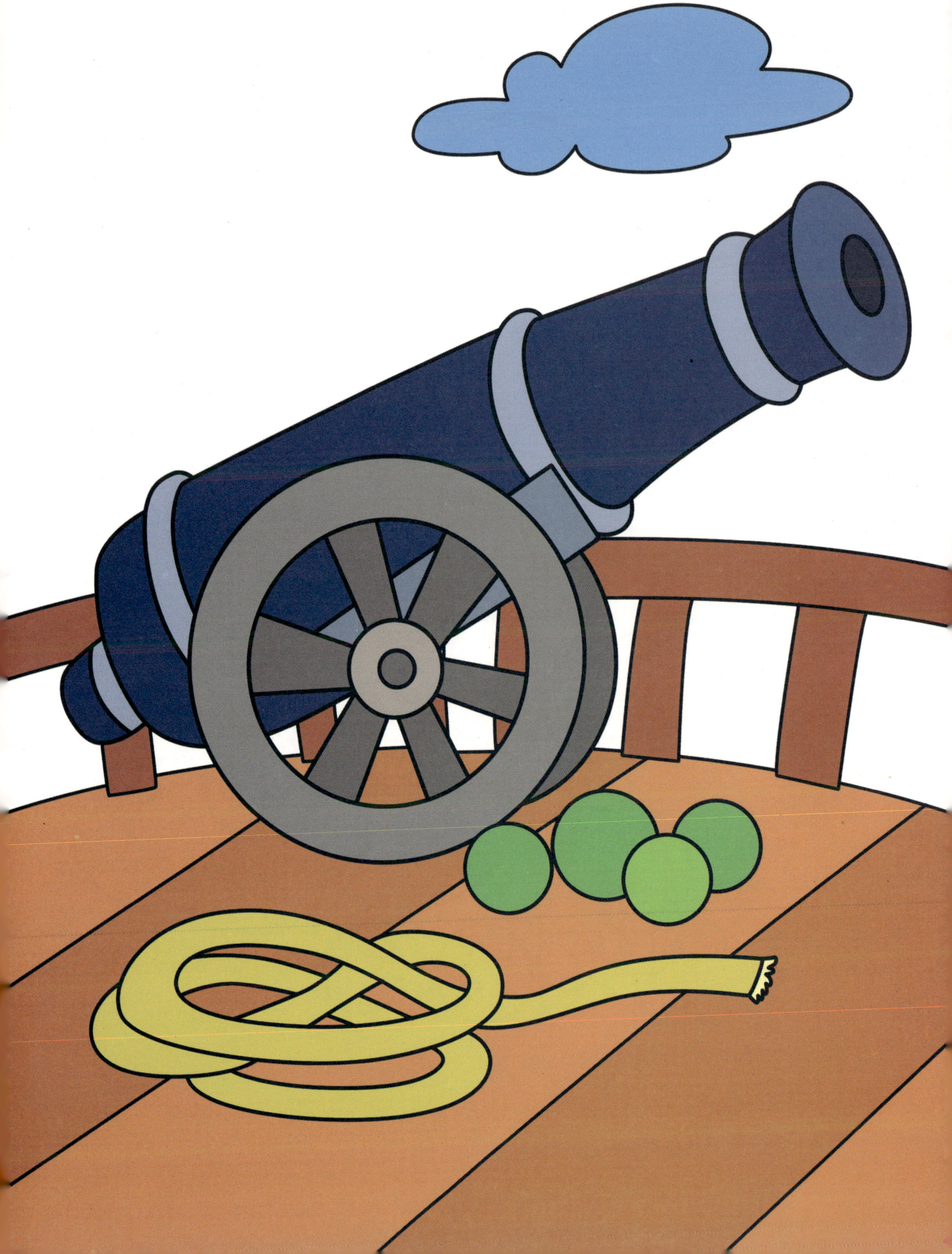

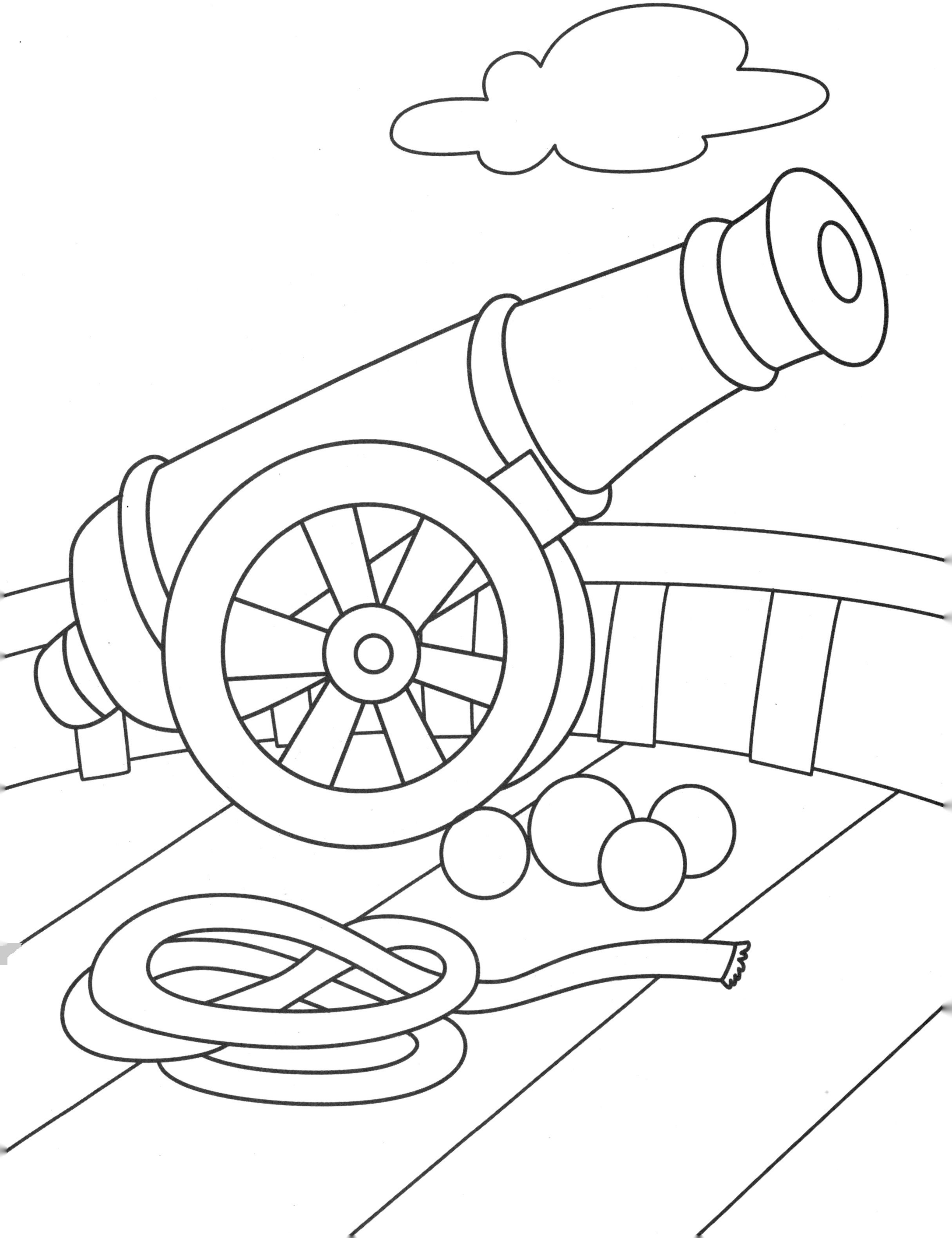

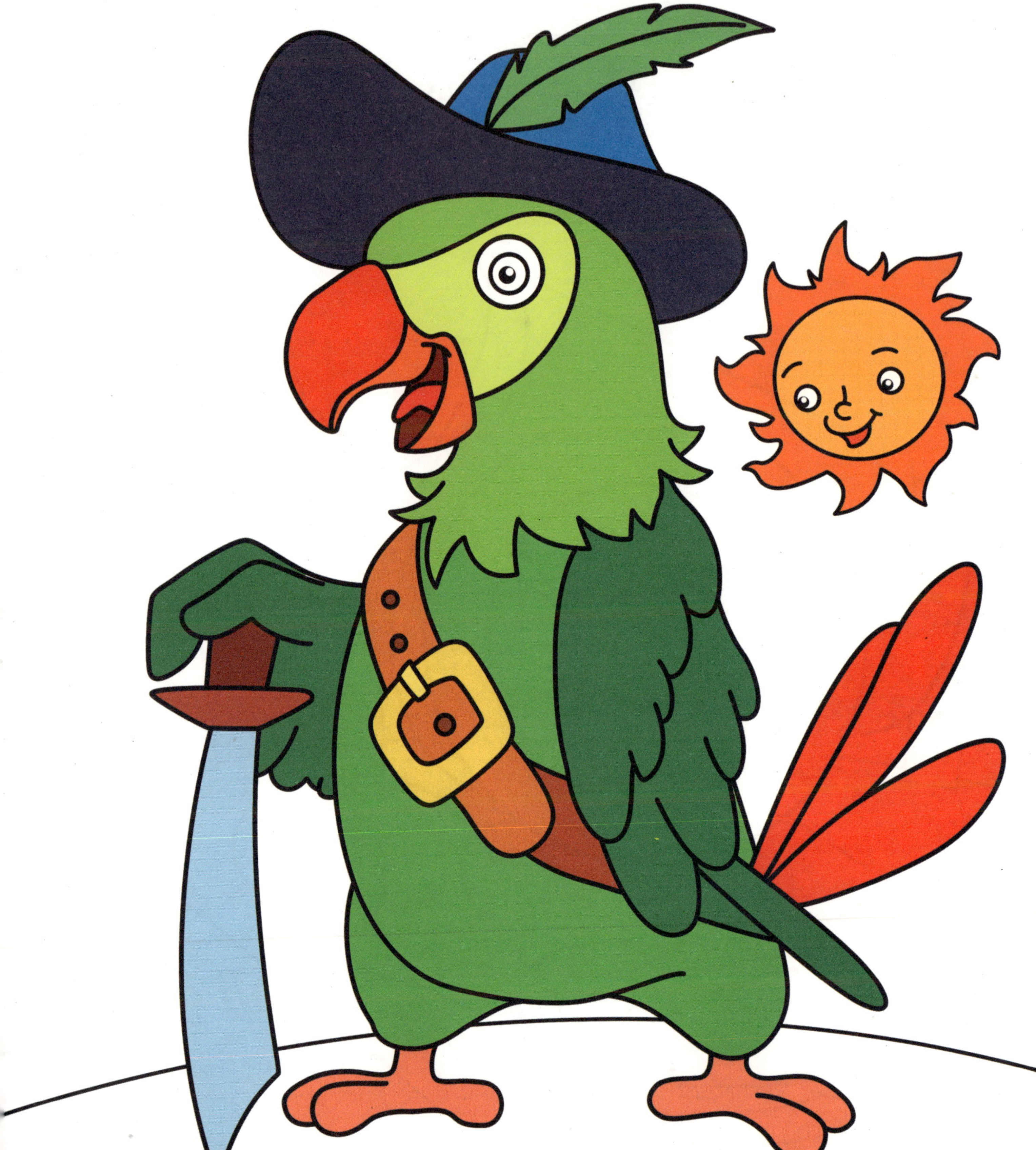

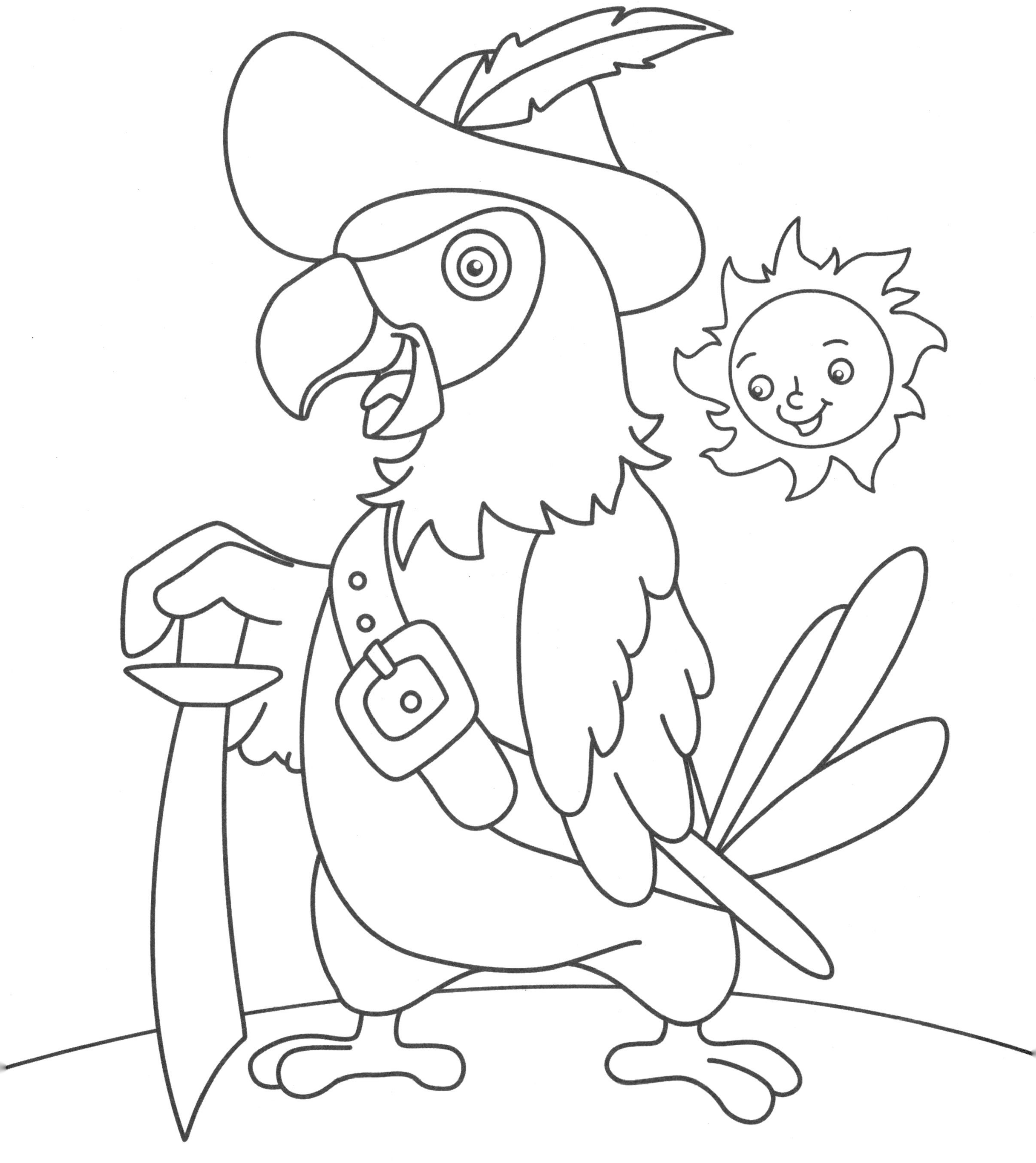

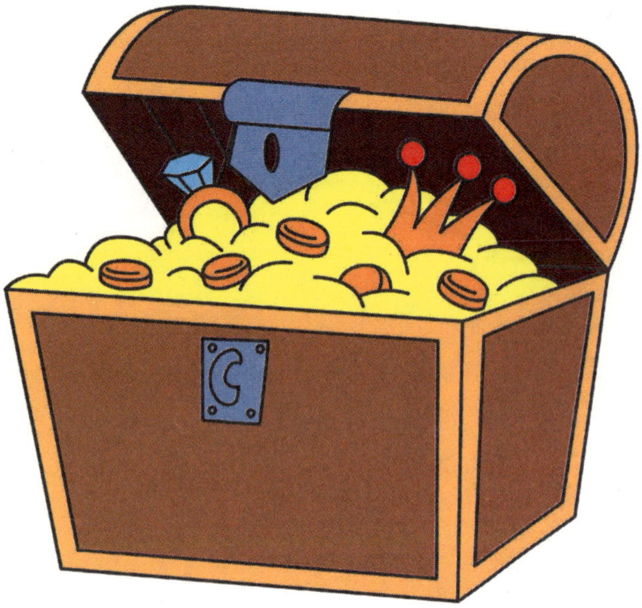

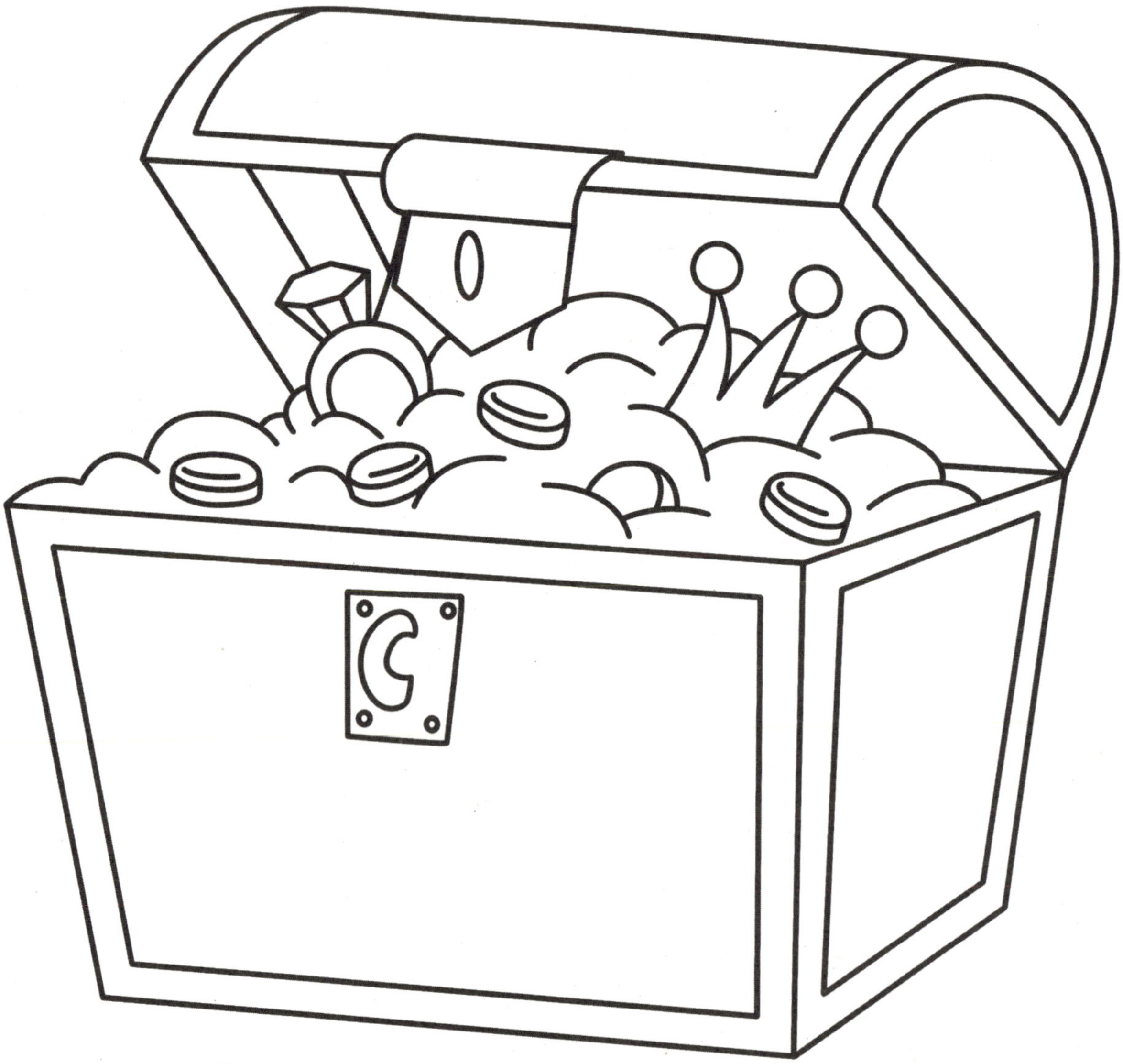